RICHTLINIEN FÜR DEN BAU VON HEISSDAMPF-ROHRLEITUNGEN

HERAUSGEGEBEN VON DER

VEREINIGUNG DER GROSSKESSELBESITZER

AUSGABE JANUAR 1936

Springer-Verlag Berlin Heidelberg GmbH

Copyright 1936 by Springer-Verlag Berlin Heidelberg

Ursprünglich erschienen bei Vereinigung der Großkesselbesitzer
E. V. in Berlin-Charlottenburg 1936.

Softcover reprint of the hardcover 1st edition 1936

ISBN 978-3-662-37384-2   ISBN 978-3-662-38131-1 (eBook)
DOI 10.1007/978-3-662-38131-1

Inhalt

Allgemeines

1   Heißdampfrohrleitungen müssen in bezug auf Werkstoff, Ausführung und Ausrüstung so gebaut sein, daß sie den im Betriebe herrschenden Beanspruchungen dauernd standhalten.

Die Richtlinien enthalten das bei besonders betriebswichtigen Anlagen Gebotene. Als untere Grenze des Anwendungsbereiches gilt im allgemeinen 400° Heißdampftemperatur oder Nenndruck[1]) 25.

Diese Richtlinien enthalten:
keine Regeln für wirtschaftlichste Bemessung der Rohrleitungsquerschnitte bezüglich Druckabfall, Temperaturabfall und Baukosten,

keine Regeln für die Bauart der Absperrorgane,
keine Regeln für Rohrleitungsanordnungen, Schaltpläne usw.,
keine Regeln für zweckmäßige Isolierung in wirtschaftlicher Hinsicht,

sie enthalten vielmehr ausschließlich Bestimmungen, welche die Betriebssicherheit der Rohrleitungsanlage und aller ihrer Teile zum Ziele haben.

Die Richtlinien enthalten die Maßnahmen, die zu treffen sind:
bei der Berechnung und Durchbildung der Anlage,
bei der Auftragserteilung auf eine Rohrleitungsanlage bezüglich der Auswahl und Prüfung der zu verwendenden Werkstoffe,
bei der Weiterverarbeitung in der Werkstatt, um den Werkstoffen die durch die Abnahme festgestellten Eigenschaften auch während der Weiterverarbeitung und im Dauerbetrieb nach Möglichkeit zu erhalten.

---

[1]) Dem „Nenndruck" nach DIN 2401 sind nach der Höhe der Beanspruchung bzw. nach der Betriebstemperatur abgestufte Betriebsdrucke zugeordnet. Der Betriebsdruck der Heißdampfstufe, die hier in Frage kommt, beträgt etwa 64% des jeweiligen zugehörigen Nenndruckes.

Die Richtlinien sind keine Vorschriften, sondern stellen eine Beschreibung des Baues von Heißdampfrohrleitungen dar, wie er von zuverlässigen und verantwortungsbewußten Herstellerwerken nach dem heutigen Stande der Technik ausgeführt wird. Ist eine Bauüberwachung zwischen Hersteller und Besteller vereinbart, so soll sich der Überwacher davon überzeugen, daß das Herstellerwerk nach diesen Richtlinien verfährt, und die hierzu erforderlichen Prüfungen auf den durch das Bearbeitungsverfahren gegebenen notwendigen Umfang beschränken. Die Prüfungen sind so zu wählen, daß die Herstellung nicht unnötig verzögert wird.

2   Bei hohen Dampfdrücken arbeiten die Rohrleitungsanlagen unter hohen Beanspruchungen und infolge der hohen Dampftemperaturen in Gebieten verminderter Widerstandsfähigkeit der Werkstoffe. Dem Verhalten der Werkstoffe bei hohen Dampftemperaturen ist daher bei der Bemessung der Teile Rechnung zu tragen. Neben den veränderten Festigkeitseigenschaften ist auch die erhöhte Wärmedehnung im hohen Temperaturbereich zu berücksichtigen.

Grundsätzlich gehört im Heißdampfrohrleitungsbau zu jedem Festigkeitswert eines Werkstoffes die Angabe der Temperatur und der Versuchsdauer, bei der der Wert bestimmt wurde. Die Rohrwandtemperatur, die für das Verhalten der Rohrwerkstoffe im Betrieb bestimmend ist, ist bei Heißdampfrohrleitungen praktisch übereinstimmend mit der Dampftemperatur.

3   Durch die Temperatureinflüsse und die Schwierigkeit des Dichthaltens sind die Rohrverbindungen besonders hoch beansprucht.

Die Art der Flanschverbindung ist wesentlich durch den Rohrwerkstoff bedingt. Rohre höherer Festigkeit und Wanddicke lassen sich wegen geringerer Formänderungsfähigkeit nicht oder nur mit großer Sorgfalt einwalzen. Deshalb wird zu anderen Verbindungsarten (z. B. zu losen Flanschen hinter Stauchbördeln, angestauchten Bunden oder Vorschweißbunden, zu Vorschweißflanschen oder Ähnlichem) zu greifen sein.

Die Anwendung von Schweißverbindungen kann an dazu geeigneten Stellen zugelassen werden, wenn Gewähr für deren sachgemäße Bauart und Herstellung besteht. Die Güte der Schweißverbindungen hängt außer von der baulichen Gestaltung und der Eignung der verwendeten Werkstoffe weitestgehend von Kenntnis, Erfahrung und Sorgfalt des ausführenden Schweißers ab (s. Ziff. 38, 107, 112—117, 127).

4 Für Dampftemperaturen von 400° und mehr kommt man bei Anwendung einfacher Kohlenstoffstähle bei hohen Drucken auf große Wanddicken und Gewichte der Rohrleitungen. Trotzdem ist die Sicherheit der C-Stähle gegen Formänderungen, insbesondere bei Flanschen und Schrauben, in diesen Gebieten stark vermindert. Es ist daher in jedem Falle zu prüfen, ob die Anwendung warmfester Sonderstähle Vorteile bringen kann. Es kommen für Rohre und Flansche in erster Linie Molybdän- und Chrom-Molybdänstähle in Frage (s. Ziff. 17, 58), für Schraubenbolzen Sonderlegierungen mit Nickel, Chrom, Molybdän usw. (s. Ziff. 87, 88, 89).

In manchen Fällen, besonders bei Flanschverbindungen, können die Beanspruchungen nur bei Anwendung von Sonderstählen beherrscht werden, in vielen Fällen kann auch bei Rohren die Wanddicke gegenüber den einfachen Kohlenstoffstählen beträchtlich herabgesetzt werden. Der meist größeren Empfindlichkeit der Sonderwerkstoffe ist bei der Verarbeitung besonders Rechnung zu tragen.

5 Die Abnahme der Werkstoffe beim Hersteller erfolgt durch Sachverständige, welche der Besteller bestimmt[2]). Der Sachverständige soll mit den Herstellungsvorgängen und mit der Werkstoffabnahme eingehend vertraut sein. Er prüft die Werkstoffe nach den vorliegenden Richtlinien unter Beachtung der bei der Bestellung besonders getroffenen Vereinbarungen. In einzelnen Fällen muß bezüglich des Umfanges der Prüfungen unter Hinweis auf die entsprechenden Punkte dieser Richtlinien möglichst schon bei der Anfrage, spätestens bei Bestellung Festlegung erfolgen[3]).

6 Bei der Weiterverarbeitung der Teile, insbesondere bei allen Vorgängen, die plastische Verformung der Werkstoffe in warmem oder kaltem Zustande bedingen, aber auch bei spanabhebender Bearbeitung, ist darauf zu achten, daß die Eigenschaften der Werkstoffe nicht ungünstig beeinflußt werden. Das bei den einzelnen Bearbeitungsvorgängen hierzu mindestens Erforderliche ist in den nachfolgenden Abschnitten zusammengestellt.

---

[2]) Den Mitgliedswerken der VGB werden Sachverständige durch die Geschäftsstelle nachgewiesen.

[3]) Dem Sachverständigen sind die bei der Bestellung festgelegten technischen Bedingungen vom Besteller bei Auftragserteilung bekannt zu geben. Nachträgliche Forderungen können nur in dringenden Fällen vereinbart werden. Wo zwischen Besteller und Hersteller besondere Vereinbarungen nötig sind, ist dies im Text durch Unterstreichung gekennzeichnet.

7   Der Besteller kann vereinbaren, daß von ihm beauftragte Sachverständige die Überwachung der Bearbeitung der Werkstücke in der weiterverarbeitenden Werkstatt vornehmen. Es sind mit dieser Aufgabe aber nur Ingenieure zu beauftragen, welche mit den Werkstoffen, der Werkstatt-Technik und den Herstellungsvorgängen eingehend vertraut sind. Der Beauftragte hat sich jedes Eingriffs in den Herstellungsvorgang zu enthalten und gegebenenfalls Wünsche, die die Behandlung der Lieferung betreffen, der Betriebsleitung oder dem Besteller vorzubringen (s. a. Ziff. 1).

Werkstoffeigenschaften bei hohen Temperaturen

8 Die höchste, dauernd auftretende Betriebstemperatur (s. Ziff. 2) und gegebenenfalls die darüber hinaus möglichen, kurzzeitigen Temperatursteigerungen sind jeweils bei der Bestellung anzugeben.

    Die Abmessungen aller Teile der Rohrleitungsanlage sind auf ihre Sicherheit gegen bleibende Formänderungen nachzurechnen. Man wird die dem Werkstoff aufzubürdende Beanspruchung in einen größeren Abstand von der äußerst zulässigen des Werkstoffes legen, wenn sich die Summe aller auftretenden Kräfte (Innendruck, Wärmedehnungen, Temperaturspannungen in Wandungen, Biegekräfte durch Eigengewichte, Spannungserhöhungen am Umfang von Bohrungen usw.) nicht genügend sicher errechnen läßt. Kann aber die Summe aller auftretenden Kräfte mit großer Sicherheit errechnet werden, dann kann die Beanspruchung nahe derjenigen liegen, bei der der Werkstoff bleibende Formänderungen erleidet. Bei der Beurteilung der auftretenden Kräfte kann berücksichtigt werden, in welchem Gebiet des Werkstoffes sie wirken. Ist nur eine örtlich sehr beschränkte Zone betroffen, dann kann bei vorsichtiger Einschätzung des Einflusses der Spannungshäufung unter Umständen eine geringe plastische Verformung in einem räumlich ganz beschränkten Umfang des Bauteiles zugelassen werden, falls durch einen solchen Ausgleich die Spannungen geringer werden.

    Da beim Betrieb von Heißdampfrohrleitungen Wechselbeanspruchungen auftreten können, ist neben dem Einfluß von Spannungshäufungen auch die Oberflächenbeschaffenheit bei der Konstruktion und Herstellung wichtig.

9   Dem Konstrukteur und dem Besteller sollen vom Lieferwerk des Stahles bzw. dem der Rohre, Flansche, Schraubenbolzen und

dergleichen, die für die Berechnung notwendigen Werte über die Eigenschaften der Stähle bei den in Frage kommenden Temperaturen mitgeteilt werden.

10 Aus Abkürzungsverfahren (z. B. 50-Stundenversuchen) zur Ermittlung der bleibenden Verformungen bei bestimmten Belastungen und Temperaturen ist nur unter Beobachtung aller erforderlichen Sorgfalt auf die wirklichen Verhältnisse zu schließen, da der Einfluß verschiedener Versuchsbedingungen (Versuchsdauer, Dauer der Erwärmung vor Beginn der Belastung, Dauer und Größe der Vorbelastung und der Belastungsart) besonders groß ist[4] u.[5].

Die Dauerstandswerte sind aus Zeit-Dehn-Linien abgeleitet. In besonderen Fällen kann neben diesen Zahlenwerten auch die Kenntnis der Zeit-Dehn-Linien selbst wichtig sein.

Aus dem Verlauf der Kurven und aus der bis zu einer bestimmten Zeit eingetretenen bleibenden Verformung kann der Konstrukteur Schlüsse über die Verwendungsmöglichkeit eines Werkstoffes und über seine für den vorliegenden Zweck notwendigen Abmessungen ziehen.

Diese Kurven fangen mit Beginn der Belastungen an und lassen außer der D e h n g e s c h w i n d i g k e i t auch die g e s a m t e F o r m ä n d e r u n g erkennen.

11 Dauerstandsversuche bei hoher Temperatur können nicht Gegenstand der Abnahme sein; vielmehr müssen die Lieferwerke für die verwendeten Stähle die Dauerstandsversuche vorher durchführen und deren Ergebnisse, unter Angabe des Glüh- oder Vergütungszustandes vorlegen.

Da für die Ausführung solcher Versuche eine außerordentliche Erfahrung notwendig ist, kommen vorerst nur sehr wenige Stellen dafür in Frage.

------

[4] „Vorläufige Richtlinien für die Ermittlung der Dauerstandsfestigkeit von Stahl", aufgestellt vom Verein deutscher Eisenhüttenleute, vom November 1935, Stahl u. Eisen, 1935, H. 51, S. 1535.

s. a. S i e b e l : Die Auswertung von Dauerstandversuchen. Mitt. VGB, 1935, H. 54, S. 185.

S c h m i t z : Vereinheitlichung des Dauerstandversuchs mit Stahl, Stahl u. Eisen, 1935, H. 55, S. 1523—34.

[5] S i e b e l und U l r i c h : Bestimmung von Zeit-Dehngrenzen im Dauerstandsversuch. Z. VDI, 1932, H. 27, S. 659.

Es empfiehlt sich, diese Versuche in unabhängigen Material-
prüfungsanstalten durchzuführen.

Sind keine genügenden Unterlagen über den zu wählenden
Werkstoff vorhanden, so sind bei der Bestellung, spätestens aber
vor der endgültigen Festlegung der Abmessungen, entsprechende
Versuche zu vereinbaren.

Rohre

Berechnung der Wanddicken

12   Die Außendurchmesser der Rohre und die Wanddicken, soweit
sie genormt sind, werden nach DIN-Normen gewählt.

Es gilt:

    für Druckstufen (Nenndruck, Betriebsdruck,
        Probedruck) . . . . DIN 2401

    für Nennweiten . . . . DIN 2402

    für Außendurchmesser und Wanddicken bei
        Temperaturen bis 400°:

        Allgemeine Berechnungserläuterung . . DIN 2413
        Abmessungen der Rohre aus St 35.29 . DIN 2450
        Abmessungen der Rohre aus St 45.29 . DIN 2451
        Abmessungen der Rohre aus St 55.29 . DIN 2456.

Die Abmessungen der Rohre aus St 65.29 (DIN 1629) und
aus nicht genormten Sonderstählen sind in Anlehnung an DIN 2413
nach den in DIN 1629 bzw. nach den vom Hersteller der Sonderstähle angegebenen Festigkeitswerten zu berechnen (s. a. Ziff. 17).

Die Auswahl der Abmessungen soll in jedem Falle unter
Zugrundelegung der Übersichtstafel DIN 2448 erfolgen.

Die aus den DIN-Normen 2450/51/56 oder aus der Formel

$$s = \frac{p \cdot d}{200 \cdot k} + C$$

in erster Annäherung errechnete vorläufige Wanddicke wird dem
Entwurf der Rohrleitung zugrunde gelegt.

13   Nachdem der anzuwendende Werkstoff ausgewählt und die Anlage aufgezeichnet ist, werden die Biege-, Zug- und Verdrehungskräfte und die dadurch entstehenden Beanspruchungen ermittelt, die durch

die Längendehnungen der Rohre und Sammelkörper bei der gewählten Vorspannung,

durch die Gewichte der Rohre, Sammler und Armaturen,

durch zusätzliches Gewicht der Isolierung,

durch Winddruck oder dynamische Wirkung des strömenden Mediums bei der gewählten Anordnung der Stützpunkte und Festpunkte auftreten. Diese Punkte sind so anzuordnen, daß die geringsten Gesamtbeanspruchungen entstehen. Besonderen Betriebsverhältnissen (Schwingungen, z. B. bei Rohrleitungen für Kolbenmaschinen oder durch wechselnde Temperaturen) ist dabei Rechnung zu tragen.

Bei hohen Drücken und gleichzeitig hohen Temperaturen werden die Rohrwanddicken bei Anwendung von einfachen Kohlenstoff-Stählen sehr groß, und es erhöhen sich dadurch alle Zusatzkräfte durch Gewichte, Wärmedehnungen usw. In solchen Fällen führt die Anwendung von Sonderstählen, insbesondere Molybdän- und Chrommolybdän-Stählen, zu geringeren Beanspruchungen und ist daher vorzuziehen. Dies gilt insbesondere für Rohrbogen zur Verminderung der Reaktionsdrücke.

14   Nach Feststellung dieser Beanspruchungen wird die entworfene Anlage mit den zunächst angenommenen Nennwanddicken auf Sicherheit der Rohrwand gegen bleibende Formänderung bei der höchsten Betriebstemperatur nachgerechnet.

Nur in einfachen Fällen bei geringer beanspruchten Anlagen genügt es dabei, wenn die Sicherheit der Rohrwanddicken lediglich bei Beanspruchung durch den inneren Überdruck des Dampfes gegenüber der im Kurzzeitversuch bestimmten Streckgrenze[6]) er-

---

[6]) Für die Ausführung des Kurzzeitversuchs ist vom Deutschen Verband für die Materialprüfungen der Technik folgendes Verfahren angegeben (s. DVM-Prüfverfahren A 112 vom Dez. 1935, DIN-Vornorm):

Der Versuch soll beginnen, wenn nach eingetretenem Temperaturausgleich die Stabtemperatur mindestens fünf Minuten lang auf der vorgeschriebenen Höhe gehalten wurde und die Anzeige des Dehnungsmessers praktisch zur Ruhe gekommen ist.

0,2-Grenze.

Für die Bestimmung der 0,2-Grenze wird der Probestab mit angesetzten Feinmeßvorrichtungen in den Ofen eingebaut. Nach Eintritt des Temperaturausgleiches wird zweckmäßig eine Vorlast aufgebracht, die etwa 10% der zu erwartenden Last bei der 0,2-Grenze beträgt. Dann wird zum ersten Male abgelesen. Nunmehr wird der Stab bei höchstens 0,5 kg/mm² Belastungszunahme in der Sekunde bis etwa 80% der bei der 0,2-Grenze zu erwartenden Last belastet. Der Stab bleibt zwei Minuten lang unter der Last und wird sodann bis auf die Vorlast entlastet. Die bleibende Dehnung des entlasteten Stabes wird nach einer Wartezeit von 30 Sekunden abgelesen. Derselbe Vorgang wird mit stufenweise gesteigerter

rechnet wird. Dabei ist eine 2- bis 2,5fache Sicherheit erforderlich, also

$$x = \frac{\sigma_{Sk}}{\sigma_D} = 2,0 \text{ bis } 2,5.$$

Hierin ist:

σ_{Sk} die im Kurzzeitversuch bei Betriebstemperatur (siehe Ziff. 8) bestimmte Streckgrenze des Rohrwerkstoffes,

σ_D die in der Rohrwand durch den inneren Überdruck allein hervorgerufene Beanspruchung.

Wird diese Sicherheit nicht erreicht, dann ist an Stelle des in DIN 2413 vorgesehenen Überganges auf den nächst höheren Nenndruck die Rohrwanddicke für sich zu erhöhen.

(Der Übergang auf den nächst höheren Nenndruck würde die übrigen Rohrleitungsteile u. U. unnötig verteuern. Sie sollen ebenfalls nach ihren Festigkeits- und Beanspruchungsverhältnissen für sich berechnet werden.)

Einer 2- bis 2,5fachen Sicherheit der Nennwanddicke entspricht eine 1,7- bis 2,25fache rechnerische Sicherheit der Mindestwanddicke. (Zulässiges Wanddicken-Untermaß 10 bis 15%.)

Belastung (die jeweilige Steigerung soll etwa 5% der bei der 0,2-Grenze zu erwartenden Last betragen) wiederholt, bis die bleibende Dehnung den Betrag von 0,2% erreicht oder überschritten hat.

Für Laboratoriumsuntersuchungen kann es zweckmäßig sein, auf der Grundlage von Dehnungsstufen statt von Laststufen vorzugehen. (Dies wird insbesondere notwendig sein, wenn die Lage der Streckgrenze des Werkstoffes nicht im voraus bekannt ist. Es wird dann auf der ersten Stufe bis zum Erreichen von 0,05% bleibender Dehnung belastet; auf jeder der weiteren Stufen darf die bleibende zusätzliche Verlängerung 0,04% nicht überschreiten.)

Auswertung.

Aus den Versuchsbeobachtungen werden Streckgrenze und 0,2-Grenze auf $\pm$ 1 kg/mm² angegeben.

Zur genaueren Auswertung der 0,2-Grenze kann die bleibende Dehnung in Abhängigkeit von der Belastung zeichnerisch aufgetragen werden. Durch die Meßpunkte wird eine Ausgleichskurve gelegt. Aus ihr läßt sich die zu 0,2% bleibender Dehnung gehörende Belastung und damit die 0,2-Grenze auf $\pm$ 0,5 kg/mm² genau bestimmen. (Kleinere Belastungen anzugeben, wäre eine Überschätzung der mit dem Verfahren überhaupt erreichbaren Genauigkeit.)

Ist als Abnahmebedingung ein Mindestwert für die Streckgrenze vorgeschrieben, so wird nur einmal bis zu dieser Spannung belastet und wieder entlastet, wie vorstehend beschrieben; überschreitet die bleibende Dehnung den Betrag von 0,2% nicht, so gilt die Bedingung als erfüllt.

Im Versuchsbericht ist die tatsächliche Versuchstemperatur anzugeben und zum Ausdruck zu bringen, ob die Streckgrenze oder die 0,2-Grenze bestimmt worden ist.

Bewertung als Berechnungsgrundlage.

Oberhalb einer bestimmten, für die einzelnen Werkstoffe verschieden hoch liegenden Grenztemperatur, die für normale Baustähle etwa 350° beträgt, verliert sowohl die im Kurzzeitversuch gewonnene Streckgrenze als auch die 0,2-Grenze ihre Bedeutung als Berechnungsgrundlage für den Konstrukteur. An ihre Stelle treten die Ergebnisse des Dauerstandversuches.

(Wiedergegeben mit Genehmigung des Deutschen Normenausschusses. Verbindlich ist die jeweils neueste Ausgabe des Normblattes im Normformat A 4, das beim Beuth-Verlag, G. m. b. H., Berlin SW 19, erhältlich ist.)

15 In allen anderen als den in Ziffer 14 genannten Fällen ist die auftretende Gesamtbeanspruchung der Rohrwand zu berechnen, die durch die Zusammensetzung aller Kräfte unter Berücksichtigung ihrer Richtung und Lage erzeugt wird. Diese ist in Beziehung zu setzen zur Dauerstandfestigkeit[4] u.[7] oder Dauerstandstreckgrenze[8] des Werkstoffes bei Betriebstemperatur. Hierbei ist dann nach Ziff. 8 ein geringerer Sicherheitsfaktor als die in Ziff. 14 genannte Zahl von 2 bis 2,5 zulässig; wenn die genannten Werte genau bekannt sind, kann ihnen gegenüber die Sicherheit bei der Gesamtbeanspruchung mit dem Wert von 1,25 bis 1,5 als genügend angesehen werden, wobei für die Dauerstandsfestigkeit der größere Wert zu wählen ist.

16 Die Werte der Wanddicke nach Dinormen gelten nur für gerade und schwach gekrümmte Rohre. Für stark gekrümmte Rohre ($R < 5\,d$), Ausdehnungsstücke, Faltenrohre, Wellrohre oder sonstwie weiterzuverarbeitende Rohre sind je nach Durchmesser, Wanddicke und Verformung angemessene Zuschläge zur errechneten Wanddicke zu machen (siehe DIN 2413). Bei Faltenrohrbogen können die Zuschläge nur dann kleiner gehalten werden, wenn bei der Herstellung für gleichmäßige Wanddicke gesorgt wird.

Auswahl und Abnahme der Rohr-Werkstoffe

17 Für Heißdampf-Rohrleitungen sind nahtlose Rohre aus Flußstahl nach DIN 1629 oder aus legiertem Stahl zu verwenden.

Bei Bestellung ist die Stahlbezeichnung und die Gütestufe anzugeben (siehe folgende Tafeln):

Marken-bezeichnung der Flußstähle	Zugversuch nach DIN 1605		Querfaltversuch
	Zugfestigkeit kg/mm²	Mindestbruch-dehnung %	Entfernung x nach Ziff. 24 bezogen auf die Probendicke a
		δ_5 $\qquad$ δ_{10}	
St. 35.29	35—45	25 $\qquad$ 20	2 a
St. 45.29	45—55	21 $\qquad$ 17	4 a
St. 55.29	55—65	17 $\qquad$ 14	6 a
St. 65.29	65—75	12 $\qquad$ 10	7 a

[7]) Nach Pomp und Enders, Zur Bestimmung der Dauerstandsfestigkeit im Abkürzungsverfahren. Mitt. Kais.-Wilh.-Inst. Eisenforschg., 1927 (Bd. 9) S. 33.

[8]) Nach Siebel und Ulrich, Z. VDI, 1932, H. 27, S. 659; Siebel, Mitt. VGB, 1935, H. 54, S. 185.

Bei Querzugproben gelten um 2 Einheiten kleinere Dehnungswerte. Die angegebenen Festigkeits- und Prüfwerte beziehen sich auf den Werkstoff im fertigen Rohr.

Bei nachstehenden legierten Werkstoffen für Rohre werden von den Stahlwerken folgende Festigkeitswerte angegeben:

Stahlsorte	Lieferwerk	Temp. ° C	Streckgrenze[9]) kg/mm²	Festigkeit kg/mm²	Dehnung % (l = 11.3 $\sqrt{F}$)	Dauerst.-Festigk. kg/mm² [10])
Gruppe A Mo-Cu-Stahl 38—45 kg/mm²						
KU 23	Fried. Krupp A.-G.					
SK 11	Preß- u.Walzwerk Reisholz	20	26	38—45	20	—
		400	17	—	—	14
TH 30	Deutsche Röhrenwerke A.-G.	450	15	—	—	12
		500	13	—	—	9
Marwe 12 P	Mannesmannröhren-Werke					
Gruppe B Mo-Cu-Stahl 45—55 kg/mm²						
KU 33	Fried. Krupp A.-G.					
SK 11 h	Preß- u.Walzwerk Reisholz	20	29	45—55	18	—
		400	19	—	—	17
TH 31	Deutsche Röhrenwerke A.-G.	450	17	—	—	15
		500	15	—	—	12
Marwe 13 P	Mannesmannröhren-Werke					
Gruppe C Cr-Mo-Stahl						
FK 335	Fried. Krupp A.-G.					
SK 12	Preß- u.Walzwerk Reisholz	20	30	45—55	20	—
		400	22	—	—	21
TH 32	Deutsche Röhrenwerke A.-G.	450	20	—	—	19
		500	18	—	—	16
		550	15	—	—	7
Marwe 17 L	Mannesmannröhren-Werke					

Für einige dieser Stähle sind bei Abnahmeversuchen folgende Werte festgestellt worden (MPA Stuttgart, Ruhrzechen-Verein, Essen):

---

[9]) 0,2-Dehngrenze bei stufenweiser Belastung.

[10]) Gemäß Richtlinien des Vereins Deutscher Eisenhüttenleute vom Juli 1935 (Dehngeschwindigkeit 10×10^{-4}%/h in der 25.—35. Stunde, Vorwärmung ohne Last 18—20 h, Vorlast 1 kg ¼ h).

Stahlsorte	Temp. °C	Streckgrenze[11] kg/mm²	Festigkeit kg/mm²	Dehnung %	Dauerst.-Festigkeit kg/mm²
TH 30 Mo-Cu-Stahl	20 425	25—30 15,4—16,6	39—43 —	— —	— —
TH 31 Mo-Cu-Stahl	20	33,7	47—48	27—28	—
SK 11 (SK 11h) Mo-Cu-Stahl	20 425	25—32 17	38—49 —	25—33 —	— —
SK 12 Cr-Mo-Stahl	20 500	39 33—34	54 —	22—23 —	— —
FK 335 Cr-Mo-Stahl	20 450 500 550 600	34 17,6—19,6 — — —	48—51 — — — —	32,6—27 — — — —	—[12] — 17 10 2
Marwe 12 P Mo-Cu-Stahl	20 400	28,8—31,2 17—18 nahe 20	42,4—43,4 — —	26,5—20 — —	— — —

18 Hinsichtlich des Verwendungszweckes der Rohre sowie der Auswahl, Vorbereitung und Prüfung des Werkstoffes sind die in nachstehender Aufstellung angegebenen Gütestufen zu unterscheiden.

Diese Aufstellung ist uneingeschränkt gültig für Flußstahl nach DIN 1629. Für die Einstufung der legierten Rohre in die Gütestufen I—IV ist nicht nur die Herstellungsart, sondern auch der Werkstoff maßgebend. Das Röhrenwerk kann daher für solche Stähle die Einstufung in eine höhere Güteklasse vorschlagen, falls ihre Zusammensetzung und Eigenschaften die der höheren Gütestufe entsprechende Herstellungsweise und Prüfungsart verlangen.

Falls legierter Stahl verwendet werden soll, sind auf Grund der mit den Lieferwerken getroffenen Vereinbarungen dessen Eigenschaften und Zusammensetzung festzulegen. Das Lieferwerk hat für die Berechnung der Rohrleitungen Angaben über das Verhalten der Werkstoffe bei der vom Besteller anzugebenden Betriebstemperatur zu machen (s. Ziff. 9—11).

---

[11]) 0,2-Dehngrenze bei stufenweiser Belastung.
[12]) Dehngeschwindigkeit $5 \times 10^{-4}\%$/h in der 25.—35. Stunde.

Deckblatt

Zu **RZ. 18** *der „Richtlinien für den Bau von Heißdampfrohrleitungen"*
der Vereinigung der Großkesselbesitzer, Ausg. Januar 1936.

Gütestufeneinteilung

der Kessel-, Überhitzer- und Dampfleitungsrohre.

Stufe	Ausführung der Blöcke	Verwendung als	Prüfung	
			Kessel- und Überhitzer- rohre	Dampf- leitungs- rohre
Güte I	unbearbeitete Güsse, gewalzte Stangen oder ge- walzte Vierkant- blöcke.	Kesselrohre (beheizt oder unbeheizt) für Kessel bis 32 atü und Über- hitzer- und Leitungsrohre für Heißdampf bis 400° C.	nach DIN 1629, III „in Sonder- ausführung" oder nach den „Richtlinien für Werkstoff und Bau von Hochleistungs- dampfkesseln" o h n e Ring- probe Sachverständigen-Bescheini- gung	nach DIN 1629, II „mit Gütevor- schriften" oder nach den „Richtlinien für den Bau von Heiß- dampfrohr- leitungen", RZ 19—24 und 28
Güte II (Hoch- leistungs- rohre)	wie Güte I, jedoch besondere Sorgfalt in der Auswahl der Schmelzen, Besei- tigung von Lun- kern und Ober- flächenmängeln; be- sondere werkseitige Sorgfalt bei der Verfolgung der Blöcke und Rohre während des Her- stellungsganges.	Kesselrohre (beheizt oder unbeheizt) für Kessel über 32 bis 80 atü, sowie Über- hitzer- und Leitungsrohre für Heißdampf über 400 bis 450° C.	nach DIN Vornorm 1625 m i t Ringprobe oder nach den „Richtlinien für den Bau von Heißdampf- rohrleitungen", RZ 19—28. Sachverständigen-Bescheini- gung	
Güte III (Höchst- druck- rohre)	wie Güte II, jedoch Schälen (Drehen oder Hobeln) der gegossenen Blöcke oder des vorge- walzten Werk- stoffes. Rundgüsse abschöpfen[1]), schälen u. bohren.	Kesselrohre (beheizt oder unbeheizt) für Kessel über 80 atü, sowie Überhitzer- u. Leitungsrohre für Heißdampf über 450° C.	wie Güte II; darüber hinaus bei vorgewalztem Werkstoff blockweise Vornahme von Beizproben durch das Stahl- werk; hierfür Nachweis durch Werksbescheinigung.	

1) Unter Abschöpfen wird lediglich die hinreichende Entfernung des Lunker-(Kopf-)Endes verstanden.

Alle Abweichungen von den einzelnen Bestimmungen für die Gütestufe I, II und III liegen außerhalb der Gütestufeneinteilung und bedürfen daher besonderer Vereinbarung.

Gütestufen der **Heißdampf-Rohrleitungs**-Rohre.

Bezeich-nung	Ausgangswerkstoff	Prüfung	Ver-wendung für Heiß-dampfrohr-leitungen
Güte I	Unbearbeitete Güsse, gewalzte Stangen oder gewalzte Vierkant-blöcke je nach Verfahren	Gemäß nachstehen-den Ziff.19—24 und 28 in Anlehnung an DIN 1629 „mit Gütevorschriften"	bis 400°
Güte II (Hoch-leistungs-rohre)	Wie Güte I, jedoch besondere Sorgfalt in der Auswahl der Schmelzen, sorgfältige Beseitigung von Lunker- und Ober-flächenmängeln, und besondere werkseitige Sorgfalt bei der Ver-folgung der Blöcke und der Rohre während des Herstellungs-vorganges	Wie Güte I, darüber hinaus: Beiderseitige Ring-probe in Überein-stimmung mit Ziff. 25—27	400—450°
Güte III (Höchst-druckrohre)	Wie Güte II, jedoch geschält (Drehen oder Hobeln) und bei Rundgüssen gebohrt[13]), blockweise Aus-führung von Beizproben	Wie Güte II, darüber hinaus: Vornahme der Beiz-proben durch das Stahlwerk. Nach-weis durch Werks-bescheinigung. (s. Fußnote 15)	über 450°
Güte IV	nach Sonder-Vereinbarungen		

19   Das Lieferwerk hat in allen Fällen eine Werksbescheinigung zu liefern, welche die Erklärung enthält:

    a) daß die vorgeschriebene Mindestfestigkeit und -dehnung bei Raumtemperatur schmelzenweise an fertigen Rohren fest-gestellt worden ist,

---

[13]) Für die Vorbehandlung der Ausgangswerkstoffe für Rohre sind von Baurat Ulrich „Anhaltspunkte" aufgestellt worden. Bei Bestel-lungen von Rohren der Gütestufen III und IV empfiehlt es sich, diese „Anhaltspunkte" mit dem Lieferwerk zu vereinbaren (s. Mitt. VGB 1935, H. 54, S. 188).

b) daß sich sämtliche Rohre über die ganze Länge in gutem Glühzustande befinden,

c) daß sämtliche Rohre den Wasserdruckversuch beim vorgeschriebenen Probedruck (vgl. Ziff. 23) bestanden haben.

Vorlage zur Abnahme und Stempelung

20 Sämtliche Rohre, auch die zur Weiterbearbeitung bestimmten, z. B. für Wellrohre, Faltenrohre, Spezialkrümmer, Formstücke usw., sollen in geradem Zustand, möglichst getrennt nach Schmelzen, in Gruppen bis zu 40 Walzlängen vorgelegt werden. Innerhalb einer Gruppe, die möglichst nur Rohre einer Schmelze enthalten soll, sind die Proben zu entnehmen.

Von den beiden ersten Gruppen sind je 2 Rohre, von jeder weiteren Gruppe je 1 Rohr, mindestens aber 2 Rohre von jeder Lieferung, nach freier Wahl zur Probeentnahme für den Querfalt-Versuch Ziff. 24 und den Zugversuch Ziff. 28 herauszugreifen. Genügt eines der ausgewählten Rohre bei einem Versuch nicht, so sind zwei weitere Rohre der betreffenden Gruppe zu entnehmen und den vorgeschriebenen Versuchen zu unterwerfen. Zeigt sich auch hierbei ein Fehler, so gilt die ganze Gruppe als nicht abgenommen. Indessen bleibt es dem Lieferwerk anheimgestellt, die Rohre nochmals in verbessertem Zustand vorzulegen. Versagen darnach die Proben abermals, so ist die ganze Gruppe endgültig zu verwerfen. Verworfene Rohre dürfen nicht wieder vorgelegt werden.

Sämtliche Rohre werden vom Sachverständigen mit dessen Abnahmestempel und einer vereinbarten Nummer versehen. Die Stempelzeichen sollen etwa 500 mm von jedem Ende entfernt aufgeschlagen werden; sie sind durch einen Farbring kenntlich zu machen. Die Zusammengehörigkeit der entnommenen Proben mit dem Werkstück ist durch besondere Stempelung sicherzustellen. Bei späterer Teilung der Walzlängen zur Weiterverarbeitung sind die Teillängen vom Sachverständigen zu stempeln. Der Stempel ist im Prüfschein abzudrucken.

Die Stempelung auf verworfenen Stücken ist zu vernichten.

Prüfungsbedingungen und Anforderungen[14])

Besichtigung

21 Die zur Prüfung vorgelegten Rohrgruppen sind vom Lieferer durch deutlich erkennbaren Farbanstrich zu kennzeichnen, und zwar

---

[14]) Die verlangten Anforderungen für Flußstahlrohre entsprechen DIN 1629. Die Abschnitte 21 bis 24 und 28 entsprechen der Fassung vom Sept. 1932 von DIN 1629, Flußstahlrohre mit Gütevorschriften.

Flußstahl von 35 bis 45 kg/mm² Festigkeit mit gelber Farbe,
Flußstahl von 45 bis 55 kg/mm² Festigkeit mit blauer Farbe,
legierter Stahl mit grüner Farbe.

Die Besichtigung erfolgt an jedem Rohr und erstreckt sich auf die äußere und innere Oberflächen-Beschaffenheit der Rohre. Das Innere soll von beiden Enden her besichtigt werden. Rohre, die den gestellten Anforderungen nicht genügen, sind zurückzuweisen. Beim Auftreten gleichartiger Fehler in verhältnismäßig großer Zahl (Riefen, Schalen) bei der Besichtigung und der Ringprobe ist eine Zurückweisung der Lieferung zu erwägen; bei sich zeigenden Sprödigkeitserscheinungen kann Nachglühen verlangt werden.

Die Rohre müssen eine der Herstellungsart entsprechende glatte äußere und innere Oberfläche haben. Geringfügige, durch das Herstellungsverfahren bedingte Erhöhungen, Vertiefungen oder flache Längsriefen sind gestattet, soweit die Schwächung der Wanddicke innerhalb des zulässigen Untermaßes bleibt und die Verwendbarkeit der fertigen Rohre hierdurch nicht beeinträchtigt wird. Die Beseitigung von Walzsplittern, Schalen, Schiefern und Riefen (von geringer Tiefe) ist unter Anwendung geeigneter Mittel gestattet. Die hierdurch gebildeten Vertiefungen dürfen aber nicht tiefer sein als die zulässigen Dickenabweichungen[15]).

Die Rohre sollen möglichst kreisrund und nach dem Auge gerade gerichtet sein. Die Rohrenden sind senkrecht zur Rohrachse mit spanabhebenden Werkzeugen zu schneiden.

Nachprüfung der Abmessungen

22 Die vorgeschriebenen Nachmessungen müssen an allen Rohren erfolgen.

Die zulässigen Abweichungen betragen:

im Außendurchmesser:

Außendurchmesser	für Rohre	Außendurchmesser	für kalibrierte Rohrenden	für ganzkalibrierte Rohre
bis 51 mm . . .	± 0,5 mm	bis 102 mm	± 0,5 mm	± 0,5 mm
über 51 bis 203 mm.	± 1 vH	102 — 203 mm	± 0,5 vH	± 0,8 vH
über 203 mm . . .	± 1,5 vH	über 203 mm	± 1 vH	± 1,2 vH

[15]) Für besonders hohe Anforderungen kann man die Rohre vor der Besichtigung durch sachgemäßes Beizen entzundern, um die Oberflächenfehler leichter zu erkennen, falls der Ausgangswerkstoff nicht, wie in Ziffer 18 angegeben, behandelt wurde. Dies ist jedoch bei der Bestellung mit dem Röhrenwerk besonders zu vereinbaren.

in der Wanddicke (Nachmessung an beiden Rohrenden):

Außendurchmesser mm		bis 133	133 bis 318	über 318
Abweichungen in vH für Rohr- Wanddicken	bis 50 vH größer als Normal- wand[16])	± 10 (—20)	± 12 (—20)	± 15 (—20)
	über 50 vH größer als Normal- wand	± 13 (—22)	± 15 (—22)	± 18 (—22)

Die vorgenannten Abweichungen sind in ein und demselben Querschnitt zulässig. Die eingeklammerten Zahlen geben die Werte an, um welche die Wanddicke an vereinzelten Stellen, und zwar auf Längen von nicht mehr als dem doppelten Durchmesser unterschritten werden dürfen.

An den Rohrenden, die zum Einwalzen oder Gewindeschneiden bestimmt sind und deren Wanddicke bis zu 50% größer als die Normalwand ist, darf der Unterschied zwischen der kleinsten und größten Wanddicke nicht mehr als 20% der Sollwanddicke betragen.

Wasserdruckversuch

23　　Sämtliche Rohre sind einem Wasserdruckversuch in Höhe des eineinhalbfachen Nenndruckes, mindestens aber 60 kg/cm², zu unterziehen; diese Vorschrift erstreckt sich auch auf Rohre aus legiertem Stahl für Temperaturen über 400°, bei denen gleichfalls der in DIN 2401 für die betreffende Betriebsdruckstufe H vorgesehene Probedruck zur Anwendung kommt. Die Rohre sind, während sie unter dem Probedruck stehen, mit einem Handhammer leicht abzuhämmern.

Der Wasserdruckversuch ist bei der Abnahme an 10% der abzunehmenden Rohre zu wiederholen, sofern der Besteller nicht die Prüfung einer größeren Anzahl Rohre vereinbart. Zeigt sich hierbei ein fehlerhaftes Rohr, so ist der Versuch an allen Rohren der betreffenden Gruppe zu wiederholen, wobei jedes undichte Rohr ausgeschieden wird[17]).

---

[16]) Normalwand, siehe DIN 2448.

[17]) Bei größeren Abmessungen empfiehlt es sich, den Wasserdruckversuch an allen Rohren zu wiederholen, da die möglichen Fehler einzeln auftreten. Hierbei erfolgt Einzelentscheidung über jedes Rohr. Eine Wiederholung des Wasserdruckversuches ist jedoch nicht erforderlich bei Rohren, die im Verlauf der Weiterverarbeitung vom Sachverständigen einem Wasserdruck in gleicher Höhe unterworfen werden.

Querfaltversuch

24   Der Querfaltversuch wird in folgender Weise vorgenommen (s. Abb. 1): Ein etwa 50 mm langer Rohrabschnitt wird bei Raumtemperatur zwischen zwei parallelen Platten so weit zusammengedrückt, bis die Entfernung x, die aus der Zahlentafel für Flußstahl in Ziff. 17 zu entnehmenden Werte erreicht hat. Dabei dürfen sich an den seitlichen Biegestellen keine Risse zeigen. Bei Rohren, deren Wanddicke mehr als 15 vH des Außendurchmessers beträgt, und bei Rohren über NW 400 entfällt der Versuch. Für legierte Stähle gleicher Festigkeit gelten die gleichen Anforderungen.

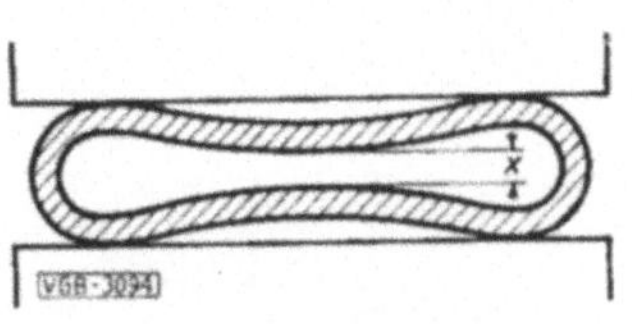

Abb. 1.   Querfaltprobe.

Für nicht in Ziff. 17 aufgeführte Sonderstähle sind Vereinbarungen zu treffen.

Ringaufdorn- und Ringzugversuch

25   Der Ringaufdorn- oder Ringzugversuch wird an **beiden** Enden vorgenommen und zwar sowohl bei unlegierten als auch bei legierten Stählen.

Der vom Besteller beauftragte Sachverständige soll sich auf Grund des Ausfalles dieser Prüfung über die Allgemeingüte der Lieferung klar werden.

Bei durchschnittlicher Güte der Lieferung erfolgt Einzelentscheidung über jedes Rohr.

Die als schlecht erwiesenen Rohre sind auszuscheiden. Sie können gekürzt werden, wenn die Länge es erlaubt und die Fehlstellen dadurch fortfallen. Lassen sich die an der Probe festgestellten Fehler im Rohr einwandfrei beseitigen, ohne daß dadurch die zugelassene Mindestwanddicke unterschritten wird, so kann das Rohr zugelassen werden.

26   Der Ringaufdornversuch wird bei allen Rohren bis einschließlich 140 mm Außendurchmesser vorgenommen. An jedem Ende wird ein Ring von etwa 15 mm Breite, bei Wanddicken > 6 mm in Ausnahmefällen mindestens gleich der doppelten Wanddicke, abgetrennt und durch Stempelung die Zugehörigkeit festgelegt. Die Schnittflächen werden sauber parallel bearbeitet, die Kanten leicht gebrochen. Die Ringe sind gleichlautend mit dem Rohr bzw. Rohrende zu bezeichnen. Sie werden durch einen kegeligen Dorn (Steigung etwa 1 : 10) aufgeweitet. Das Aufweiten ist bis zum Bruch des Ringes zu treiben. Kennzeichnend ist hierbei die beobachtete

Aufweitung, die Einschnürung, die Zahl und Art der durch die Verformung aufgedeckten Fehler und die Beschaffenheit der Bruchstelle, bei Berücksichtigung der vorliegenden Rohrabmessungen und der Eigenart des Werkstoffes. Im Bericht sind Angaben über Dornbeschaffenheit, Zahl der gleichzeitig geprüften Ringe und Versuchsausführung zu machen. Bei späterer Teilung der Walzlängen einer Bestellung in mehrere Unterlängen werden die Ringproben nur an den Enden der Walzlängen entnommen.

27   Der Ringzugversuch wird bei allen Rohren über 140 mm Außendurchmesser ausgeführt, und zwar werden die Ringe nach Ziff. 26 an jedem Ende über zwei gegenüberliegende Bolzen in einer Zerreißmaschine zum Bruch gebracht (Abb. 2). Die Bolzen sollen so bemessen sein, daß die freie, der Zugwirkung ausgesetzte Länge des Ringumfanges möglichst groß ist. Der Ringabschnitt kann vor dem Zugversuch vorsichtig flach gerichtet werden, wobei möglichst ein Holzhammer zu verwenden ist. Bei größerer Wanddicke kann das Richten in rotwarmem Zustande erfolgen. Die Prüfung ist rein technologischer Art. Die Beurteilung der Güte des Rohres erfolgt nach der Dehnung, Einschnürung an der Bruchstelle, Aussehen der Bruchstelle, Zutagetreten von Schiefern, Schalen, Doppelungen an den gestreckten Proben.

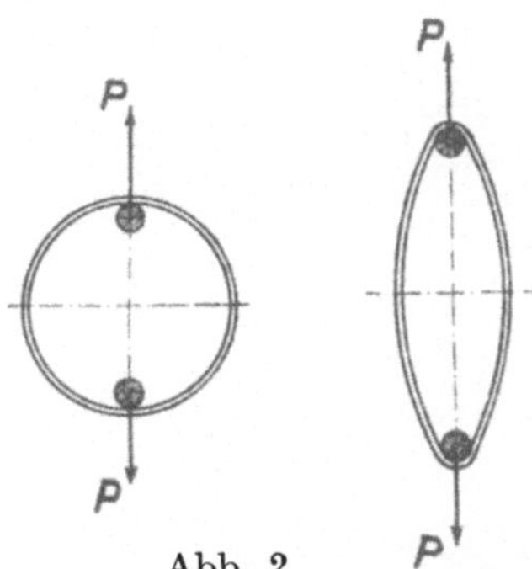

Abb. 2.
Ringzugprobe.

Zugversuch

28   Zugversuche an Stäben aus der Rohrwand werden bei Kohlenstoffstählen nur an Rohren mit 5 mm und größerer Wanddicke, bei Rohren aus legiertem Stahl ohne Rücksicht auf die Wanddicke ausgeführt. Als Zugstäbe sind Proportionalstäbe nach DIN 1605 zu verwenden.

Bei Rohren bis einschließlich 140 mm Außendurchmesser sind die Probestäbe in Längsrichtung zu entnehmen, bei über 140 mm Außendurchmesser können sie in Querrichtung entnommen werden. Die Längsstäbe dürfen nicht ausgeglüht und innerhalb der Meßlänge nicht gerade gerichtet werden. Ein Beseitigen örtlicher Ungleichheiten an den Probestäben ist gestattet; jedoch soll die Walzhaut an der dünnsten Stelle möglichst erhalten bleiben.

Die Querstäbe dürfen warm gerade gerichtet und darauf normalgeglüht werden. In diesem Falle kann die Härte des geglühten

Probestabes mit der Härte des zugehörigen Rohres durch Kugeldruckprobe verglichen werden.

Soweit es die Einspannvorrichtungen der Zerreißmaschine zulassen, können Rohre ohne Rücksicht auf die Wanddicke auch als Ganzes, dann aber ohne die vorgenannte Wärmebehandlung, zerrissen werden. Für Kohlenstoffstähle gilt die Zahlentafel DIN 1629, für legierte Stähle Zahlentafel Ziff. 17; für hier nicht aufgeführte Sonderstähle[18]) sind Vereinbarungen zu treffen.

Über Warmzerreißversuche siehe Ziff. 9—11 und Fußnote[6]) zu Ziff. 14.

Bei den Zugversuchen soll die Lage der Streckgrenze ebenfalls ermittelt werden. Das Verhältnis der Streckgrenze zur Zerreißfestigkeit beträgt bei gut geglühten C-Stählen bei 20° im allgemeinen 0,55 bis 0,65, bei Rohren etwas mehr. Es sollte 0,75 nicht überschreiten.

Weiterverarbeitung

Rohrbogen

29   Die nach diesen Richtlinien zu liefernden glatten Rohrbogen, Faltenrohre und Wellrohre sowie gebördelten Rohre und die Rohre mit Stauchbunden sind, mindestens im verformten Teil, eine genügende Zeit oberhalb des oberen Umwandlungspunktes des Rohrwerkstoffes im Ofen zu glühen. Der Ofen soll gut regelbar und mit Temperaturschreibern ausgerüstet sein. Bei sehr sperrigen Stücken ist stückweises Glühen in kleineren Öfen unter Beobachtung der Temperatur zulässig. Einfache Brenner oder Ringbrenner sind nicht zugelassen.

Durch geeignete Lagerung im Ofen wird dafür Sorge getragen, daß die zur Lieferung gehörenden Teile möglichst gleichmäßig die verlangte Temperatur haben. Ferner wird die Lagerung so vorgenommen, daß Formänderungen beim Glühen auf ein möglichst geringes Maß beschränkt bleiben.

Beim Vorhandensein von Flanschringen hinter Bunden werden nötigenfalls die Ringe auf dem Rohr so verschoben, daß sie während des Glühens außerhalb des Erwärmungsgebietes liegen.

30   Die Abkühlung nach dem Glühen soll in einer der Eigenart des Werkstoffes und der von ihm verlangten Eigenschaften entsprechenden Weise erfolgen. Bei Sonderstählen hat das Lieferwerk der Ausgangsblöcke bzw. das Röhrenwalzwerk über die Eigen-

---

[18]) Die Festigkeitswerte und sonstigen Eigenschaften der Sonderstähle sind im Angebot anzugeben. Ebenso sind vom Stahlwerk bei der Lieferung Angaben über die Behandlung dieser Stähle zu machen.

schaften und die Behandlung der Stähle dem weiterverarbeitenden Werk alle notwendigen Angaben zu machen. Rasche Abkühlung der geglühten Rohre durch Wasser, Preßluft oder scharfen Luftzug ist unzulässig. Bei legierten Stählen ist etwa eingetretene Selbsthärtung durch sachgemäßes Ausglühen (Nachglühen) zu beseitigen.

31   Nach dem Glühen etwa erforderlich werdendes Richten der Werkstücke soll vorsichtig und sachgemäß erfolgen. Die Anwendung des Schweißbrenners oder eiserner Hämmer ist hierbei unzulässig.

Um Schäden an Armaturen und Turbinen zu verhindern, ist der vom Biegen gefüllter Rohre herrührende Sand aus dem Rohrinnern sorgfältig zu entfernen, soweit zugänglich möglichst mittels des Sandstrahlgebläses. Äußeres Behämmern mit eisernen Werkzeugen oder Ketten ist unzulässig. Stößt das Ausstrahlen auf Schwierigkeiten, dann ist kräftiges Durchblasen mit Dampf vor Inbetriebnahme zweckmäßig (s. Ziff. 131). Es empfiehlt sich nach vorhergegangener mechanischer Reinigung ein mehrstündiges Beizen der warm behandelten Rohre, um den Zunder zu entfernen. Nach dem Beizen sind die Rohre sorgfältig im Bad zu neutralisieren.

32   Es empfiehlt sich, daß ein Beauftragter des Bestellers, nach vorheriger Vereinbarung bei der Bestellung, sich von der sachgemäßen Durchführung des Glühens überzeugt.

Bei Stücken, die aus besonderen Gründen im Ofen nicht geglüht werden können, sollte der Beauftragte des Bestellers dem Herstellungsvorgang beiwohnen. Hierüber sind mit dem Besteller oder dem Beauftragten besondere Vereinbarungen zu treffen.

Glatte Bogen

33   Rohre kleineren Durchmessers können auf Sondermaschinen kalt gebogen werden, falls Rohrbiegemaschinen einwandfreier Bauart zur Verfügung stehen. Hierbei wird das Rohr außen vollkommen von Formen umfaßt, die dem Außenhalbmesser entsprechen. Innen gleitet nahe der Biegestelle ein Dorn, der der Nennweite abzüglich der zulässigen Abmaße etwa entspricht. Bei dieser Vorrichtung sollen die Biegeformen und Dorne so gewählt werden, daß ein Ovaldrücken des Rohres an der Biegestelle und eine Faltenbildung an der Innenseite vermieden wird. Eine Auswahl entsprechender Dorne und Formen soll vorhanden sein. Solche Rohrbogen sind nach Ziff. 29—32 auszuglühen, zum mindesten dann, wenn erhebliche Nacharbeiten vorgenommen worden sind.

34   Rohre größeren Durchmessers sollen nur in der Werkstätte mit Sandfüllung warm gebogen werden. Das Biegen auf der

Baustelle ist nicht einwandfrei möglich, wenn nicht besondere Vorkehrungen getroffen werden. Beim Warmbiegen besteht die Gefahr, daß Teile des Rohres verformt werden, deren Temperatur unterhalb des Umwandlungspunktes liegt, wodurch Kornvergröberung und Sprödigkeit des Werkstoffes entstehen kann. Es ist ferner bei diesem Verfahren üblich, die nicht zu verformenden Teile mit Wasser zu kühlen. Hierbei kann der Werkstoff stellenweise gehärtet werden und ungünstige Spannungen erhalten. Das Kühlen darf daher nur mit großer Vorsicht geschehen. Beim Warmbiegen treten auf der Innenseite meist Falten auf. Wegen der Gefahr ungünstiger Verformung bei unrichtiger Temperatur sollen flache Beulen oder Falten nicht beseitigt werden, stärkere nur mit großer Vorsicht. Die Verwendung schwerer eiserner Hämmer ist hierbei nicht gestattet.

35   Wegen der möglichen ungünstigen Einflüsse des Biegeverfahrens werden daher alle Rohrbogen nach der Fertigstellung in einem geeigneten, mit Temperatur-Meßgeräten versehenen Ofen geglüht. Auf das Ausglühen glatter Rohrbogen kann nur in Ausnahmefällen verzichtet werden, wenn der Sachverständige bei der Besichtigung des Biegevorganges sich davon überzeugt hat, daß das Biegen einwandfrei und ohne die in Ziff. 34 erwähnte nachteilige Behandlung erfolgt. (Über die Ausführung des Glühens siehe Ziff. 29—32.) Falls jedoch beim Biegen Verformung bei ungünstiger Temperatur, künstliches Kühlen oder Aushämmern von Beulen vorgenommen wird, erfolgt stets ein Ausglühen.

Faltenrohre und Wellrohre

36   Die Herstellung von Faltenrohren oder Wellrohren erfolgt in der Weise, daß Teile des Rohres durch Gasringe örtlich erwärmt und bei Wellrohren die dazwischenliegenden Zonen gleichzeitig mit Wasser gekühlt werden. Hierbei erfährt das Rohr eine Zusammendrückung und die beabsichtigte Wellen- oder Faltenbildung. Auch bei diesem Verfahren treten Verformungen an Stellen auf, die nicht über dem oberen Umwandlungspunkt des Werkstoffes erwärmt sind, außerdem bei den Wellrohren ein Abschrecken erwärmter Stellen durch die Wasserkühlung. Die Wellrohre und Faltenrohre sind daher im Ofen zu glühen, um alle Spannungen und Grobkornbildungen sowie etwa vorhandene Härtung wieder zu beseitigen. Die Wellung muß sehr gleichmäßig ausgeführt werden. Innen- und Außenhalbmesser sollen gleich und möglichst groß sein, um Rißbildung an zu eng gebogenen Stellen zu vermeiden. Die Wanddicken müssen gleich bleiben. Über die Ausführung des Glühens siehe Ziff. 29—32.

37   Bei Schlauchkompensatoren sind die Schweißnähte und die Anschlüsse an den Flanschen sorgfältig zu besichtigen.

Rohrverbindungen

38   Allgemein gilt für Rohrverbindungen das in Ziff. 3 Gesagte. Die Zahl der lösbaren Rohrverbindungen kann durch die Anwendung von nicht lösbaren Muffen und verschiedenartigen Schweißverbindungen beschränkt werden. Einige Rohrverbindungen sind im Anhang beschrieben.

Berechnung der Verbindung

39   Beim Entwurf von Flanschverbindungen für Heißdampfrohrleitungen ist vor allem den Temperaturdehnungen Rechnung zu tragen. Es ist zu berücksichtigen, daß beim Anheizen sich der Flansch, insbesondere die Schraubenverbindung, langsamer erwärmt als das Rohr. Hierdurch wirken auf die Schrauben und Flansche erhebliche zusätzliche Zugkräfte, die aufgenommen werden müssen. Umgekehrt tritt beim Auftreten von Wasser in der Rohrleitung oft eine plötzliche Abkühlung auf, die ein Blasen der Flanschverbindung verursacht. Beim Verschwinden des Wassers wird der Flansch zumeist von selbst wieder dicht, jedoch muß die Dichtungsplatte diesen Anstrengungen gewachsen sein.

40   Nach dem bisherigen Berechnungsverfahren (DIN 2505, 2506, 2507) werden die Flanschdicke und die Schraube je für sich gesondert berechnet. Diese Anschauung wird bei der Berechnung nach den vorliegenden Richtlinien nicht mehr zugrunde gelegt. Vielmehr ist die Flanschverbindung als eine Konstruktionseinheit anzusehen, die ein und denselben Kraftfluß von einem Rohr über Flansch-Schraube-Flansch zum anderen Rohr zu leiten hat. Bei der Berechnung ist daher für alle Teile von diesem einheitlichen Kraftfluß auszugehen.

41   Die durch die Flanschverbindung fließende Kraft ist um ein bestimmtes Vielfaches höher als der Druck des Heißdampfes. Der für einen bestimmten Betriebsdruck notwendige Dichtungsdruck beträgt im Geltungsbereich dieser Richtlinien bei den üblichen Flanschbauarten und Dichtungen im Mittel das Dreifache des Betriebsdruckes.

Hieraus errechnet sich dann die für den zugrundeliegenden Betriebsdruck für jede Nennweite zu übertragende Schraubenkraft.

Aus dieser gesamten, von der Verbindung zu übertragenden Schraubenkraft wird auf Grund der in DIN 2503 und 2504 (Anschlußmasse für ND 25, 40, 64, 100) genormten Schraubenzahl und Schraubenlochdurchmesser die Beanspruchung des Schraubenbolzens errechnet[19]) (s. Anhang 1).

42 Die rechnerische Belastung der Schrauben ist häufig jedoch nur ein Teil der wirklichen beim Zusammenbau und im Betrieb auftretenden Gesamtbeanspruchung. Versuche haben z. B. gezeigt, daß Schrauben bis zu 1″ Durchmesser schon mit dem gewöhnlichen Schraubenschlüssel so angezogen werden können, daß die Beanspruchung der Streckgrenze (0,2% Dehngrenze) erreicht wird. Vielfach wird eine Verschraubung solange angezogen, bis die Verbindung dicht ist oder bis das „Gefühl" anzeigt, daß die Schraube nicht mehr weiter angezogen werden darf. Dieses Verfahren ist bei hochbeanspruchten Heißdampfrohrleitungen nicht mehr anwendbar (s. Ziff. 81 und 137).

Von Einfluß auf die Beanspruchung der Schrauben sind ferner die Formgebung und die Bemessung der Flansche, die Bearbeitung der Dichtungsflächen, die Beschaffenheit des Dichtungsstoffes und die Verteilung und der Abstand der Schrauben. Unbearbeitete Schraubensitze bedingen eine zusätzliche Beanspruchung an ungünstiger Stelle beim Übergang in das Gewinde und dürfen nicht angewendet werden. Bei den hier in Frage kommenden Anlagen werden die genannten Einflüsse durch sorgfältigste Bearbeitung möglichst klein gehalten. Sie sind auf Grund praktischer Erfahrungen zu berücksichtigen.

Hiernach ist der Werkstoff der Schraubenbolzen zu wählen.

43 Bei der Wahl der Werkstoffe für die Flanschverbindung und bei der Berechnung der in der Verbindung im Stillstand, beim Anwärmen und im Beharrungszustand auftretenden Beanspruchungen, die wesentlich voneinander verschieden sind, werden alle physikalischen Eigenschaften der zu verwendenden Baustoffe berücksichtigt. Außer den Festigkeitseigenschaften, die temperatur- und zeitabhängig sind, sind auch die Größe und Änderung der Werte des Elastizitätsmoduls, der Wärmeleitfähigkeit und der Wärmeausdehnung zu beachten.

44 Für den Schraubenbolzen ist ein Werkstoff zu wählen, dessen Dauerstandsstreckgrenze höher liegt als die für die normgerechte Schraubenzahl errechnete Beanspruchung des Schraubenquer-

---

[19]) Für ND 160, ND 250, ND 400 sind Normblattentwürfe der Anschlußmasse vorhanden (N 706 bis N 713).

schnittes, da der Schraubenbolzen diese Beanspruchung dauernd bei Betriebstemperatur aushalten muß, ohne eine Verlängerung zu erfahren, die ein Undichtwerden der Verbindung herbeiführt. Zum mindesten muß die Verlängerung so klein gehalten werden, daß ein Nachziehen der Schraube aus diesem Grunde in keinem kleineren Abstand als 20 000 Betriebsstunden, berechnet aus der Dauerdehngeschwindigkeit der Schraube allein, erforderlich wird (s. Ziff. 137, 2. Abs.).

Als Betriebstemperatur ist hierbei die Nenntemperatur des strömenden Heißdampfes einzusetzen, für die die Anlage ausgelegt ist (s. Ziff. 8).

Die Angaben über die Eigenschaftswerte der Schraubenstähle bei Betriebstemperatur sind vom Stahlwerk zu machen, das den Schraubenwerkstoff herstellt. Hierfür gilt Ziff. 10. Anhaltszahlen sind in Ziff. 85 bis 89 enthalten.

Bei der Anwendung der Dauerstandfestigkeit ist die gesamte bleibende Verlängerung, die der Werkstoff in der Versuchszeit bei Betriebstemperatur erfahren hat, ebenfalls zu berücksichtigen, da man mit der relativen Verlängerung in einer abgekürzten Versuchszeit als Berechnungsgrundlage nicht auskommt (s. Ziff. 10). Die Dauerstandstreckgrenze gibt das Verhalten des Werkstoffes genauer wieder; sie bietet also, namentlich bei niedrigeren Temperaturen (400°), eine größere Sicherheit gegen bleibende Formänderungen[20]. Um diese auch bei der als Dauerstandfestigkeit angegebenen Belastung zu erreichen, ist bei ihrer Bestimmung vorgeschrieben[21], daß die bleibende Dehnung nach 45 h 0,2 % nicht überschreiten darf.

Bei höheren Temperaturen (500° und darüber) ist der Unterschied zwischen Dauerstandfestigkeit und Dauerstandstreckgrenze nur noch gering.

Für den Abstand der Widerstandsfähigkeit des gewählten Bolzenwerkstoffes bei Betriebstemperatur von der vorhandenen Beanspruchung gelten die in Ziff. 15 für die Sicherheit enthaltenen Grundsätze.

45   Mit der Wahl der Schraubenabmessungen und des Schraubenwerkstoffes ist nunmehr auch die auf die F l a n s c h e wirkende Gesamt-

---

[20]) S i e b e l, Die Auswertung von Dauerstandversuchen, Mitt. VGB, 1935, H. 54, S. 185.

[21]) „Vorläufige Richtlinien für die Ermittlung der Dauerstandfestigkeit von Stahl", aufgestellt vom Verein Deutscher Eisenhütten‐leute, Nov. 1935, Stahl u. Eisen, 1935, H. 51, S. 1535.

kraft festgelegt. Entgegen der Berechnungsgrundlage in DIN 2505 ist also nicht der Dampfdruck für die Berechnung der Flanschdicke maßgebend, sondern die höchst mögliche Kraft, die durch die Schrauben ausgeübt werden kann (s. Anhang 1). Als Kraft P ist daher in der in DIN 2505 zugrundegelegten Bach'schen Formel die gesamte, höchstmögliche Schraubenkraft einzusetzen. Diese ist:

$$P_s = Z \cdot \frac{\pi \cdot d_s^2}{4} \cdot \sigma_{s\,20°}$$

Hierin ist:

Z = Schraubenzahl

d_s = wirksamer (kleinster) Schraubenbolzendurchmesser

$\sigma_{s\,20°}$ = Streckgrenze des Schraubenwerkstoffes bei 20°.

In die Berechnungsformel für die Flanschdicke b nach DIN 2506/2507 ist zunächst die Streckgrenze des Flanschwerkstoffes bei 20° einzuführen. Man erhält daraus eine Flanschdicke b, deren Sicherheit gegen Durchbiegung beim Anziehen der Schraube in kaltem Zustand ebenso groß ist wie die Sicherheit der Schraube gegen Verlängerung (bei der Berechnung nach DIN-Norm ergibt sich im allgemeinen ein solches Verhältnis). Eine zusätzliche Sicherheit des Flansches liegt noch darin, daß bei der Biegung zunächst nur die Außenfaser bis zur Streckgrenze beansprucht ist, bei eintretender Verformung also neue Schichten herangezogen werden. Auf jeden Fall soll die Verformung möglichst in die Schraube verlegt werden, da diese am leichtesten auszuwechseln ist. Der Flansch, und weiter die Stauchbunde oder Bördel können praktisch überhaupt nicht ausgewechselt werden.

46 Dieses Verhältnis der Widerstandsfähigkeiten von Schraube und Flansch gilt aber zunächst nur bei 20°, da für beide Teile die Streckgrenzenwerte für diese Temperatur in die Rechnung eingeführt worden sind.

Die Erfahrungen an Heißdampf-Rohrleitungen haben gezeigt, daß beim Anwärmen der Rohrleitung in der Flanschverbindung hohe Kräfte auftreten. Dies rührt daher, daß der Schraubenbolzen beim Anwärmen in der Temperatur nacheilt. Die hierdurch entsprechend dem jeweiligen Elastizitätsmodul, der Wärmeleitfähigkeit und der Wärmeausdehnung der gewählten Werkstoffe auftretenden Kräfte sind zu errechnen[22]). Die Temperaturnacheilung der

---

[22]) Marguerre, Z. VDI 1929, H. 28 S. 993.
Marguerre, Z. VDI 1932, H. 12, S. 287.
Mayer, Forschung 1932, H. 5, S. 221.
Schöne, Arch. Wärmewirtsch. 1932, H. 6, S. 146.

Schraubenbolzen kann aus bekannten Messungen an ähnlichen Anlagen entnommen werden. Sie beträgt bis zu 150°. Diese Beanspruchung tritt nur kurzzeitig auf. Um sie möglichst klein zu halten, empfiehlt es sich, vor dem Anfahren die Leitungen, wenn nötig vorläufig und behelfsmäßig, zu isolieren (s. Ziff. 139).

Bei diesem Rechnungsgang wird die kurzzeitige Widerstandsfähigkeit des Flansches gegen Durchbiegung beim Anwärmen, also von 20° Raumtemperatur bis zur Betriebstemperatur des Heißdampfes, etwas größer als die der Schrauben gegen ihre Verlängerung. Die elastischen Kräfte müssen daher vom Schraubenbolzen aufgenommen werden. Um eine gefährliche Reckung im Kerbgrund der Gewindegänge zu vermeiden, wird daher der Schraubenbolzen zwischen den Gewinden auf etwas unterhalb Kerndurchmesser abgedreht (in Abänderung von DIN 2509).

Man kann die Abdrehung auf den ganzen Gewindeabstand ausdehnen oder nur auf einen Teil. In letzterem Falle werden zwar die elastischen Kräfte beim Anwärmen größer, das absolute Maß des Kriechens im Dauerbetrieb wird aber geringer, weil die kriechende Länge des Bolzens kürzer ist.

47 Im Beharrungszustand, d. h. im Dauerbetrieb bei Heißdampftemperatur, ist das Kräfteverhältnis zwischen Flansch und Schraube durch das Verhältnis der Dauerstandstreckgrenze oder Dauerstandfestigkeit der beiden Werkstoffe gegeben.

Wiederholt man nun die Berechnung der Flanschdicke, indem man für den Schraubenwerkstoff und für den Flanschwerkstoff die Dauerstandstreckgrenze bzw. Dauerstandfestigkeit einsetzt, so muß sich auch dabei die größere Widerstandsfähigkeit des Flansches ergeben, ebenso wie bei der ersten Berechnung mit der Streckgrenze bei 20°. Um Durchbiegungen beim Anziehen auf jeden Fall zu vermeiden, mißt man nach Ziff. 81 und 137 die dabei auftretende Beanspruchung mittels der Verlängerung der Schrauben.

48 Der in DIN 2401 empfohlene Übergang auf einen höheren Nenndruck bei wesentlicher Überschreitung von 400° wird also bei der hier angegebenen Berechnungsweise der Verbindung durch eine sorgfältige Berechnung der Widerstandsfähigkeit der Verbindungsteile ersetzt.

Flanschgestaltung

49 Es gelten folgende Normen in ihrer jeweils neuesten Fassung:
DIN 2500 Flansche, Übersicht (DIN-Blätter der Bauarten)
2503 Anschlußmaße für ND 25 und 40

DIN 2504 Anschlußmaße für ND 64 und 100
    2505 Feste Flansche, Berechnung ⎤
    2506 Lose Flansche, Berechnung ⎬ siehe dazu Ziffer 39—48
    2507 Schrauben, Berechnung ⎦
    2508 Flansche, Anordnung der Schraubenlöcher
    2509 Hochwertige Bolzenschrauben
    2512 Flansche, Nut und Feder
    2513 Flansche, Eindrehung für Flachdichtung
    2515 Flansche, Walzrillen und Abfasungen
    2567 Runder Gewindeflansch für ND 25 und 40
    2568 Runder Gewindeflansch für ND 64
    2569 Runder Gewindeflansch für ND 100

50   Sind in Rohrleitungen Flansche mit Eindrehung (Vor- und Rücksprung nach DIN 2513 bzw. Nut und Feder nach DIN 2512) vorgeschrieben, so erhalten alle Armaturen und alle Formstücke beiderseits Eindrehung bzw. Nut.

Stoßen eine Armatur und ein Formstück oder zwei Armaturen oder zwei Formstücke zusammen, so sind Zwischenringe mit zwei Dichtungen zu verwenden.

Anschlußflansche von Maschinen, Kesseln und Apparaten erhalten Vorsprung bzw. Feder.

Jeder Flansch, der Eindrehung nach DIN 2513 oder Nut nach DIN 2512 besitzt, ist am äußeren Umfang durch eine eingedrehte Rille zu kennzeichnen.

51   Bei allen Flanschen, die mit dem Rohr fest verbunden werden, ist bei der Konstruktion der Innendurchmesser der Bohrung jedes Flansches nach dem tatsächlich vorhandenen Maß des zugehörigen Rohrendes festzulegen. Rohre mit großem Durchmesser und großer Wanddicke können gegebenenfalls an den Enden mit spanabhebenden Werkzeugen bearbeitet werden.

Abnahme der Werkstoffe für Flansche

52   Flansche für Heißdampf-Rohrleitungen dürfen nur aus Flußstahl, legiertem Stahl oder aus Stahlguß[23]) hergestellt werden. Die Verwendung von Gußeisen ist unzulässig.

Flußstahl muß den Anforderungen von DIN 1611, Güteklasse B, Stahlguß denen von DIN 1681, Sondergüte, entsprechen. Die Wahl

---

[23]) Bei der Herstellung von Stahlguß für hohe Temperaturen sind besondere Erfahrungen notwendig. Für solche Lieferungen kommen daher nur Werke in Frage, welche über solche Erfahrungen verfügen.

der härteren Sorten ist nach Ziff. 3 zu empfehlen. Für legierte Stähle sind bei der Bestellung besondere Vereinbarungen zu treffen.

Die Prüfung der Stahlgußflansche erfolgt in jedem Falle; bei Bestellung wird vereinbart, ob auch die Flußstahlflansche abgenommen werden sollen. (Näheres über Stahlguß s. Ziff. 108 u. 119.)

53 Die Vorlage der Stücke zur Abnahme erfolgt nach Vereinbarung im bearbeiteten oder unbearbeiteten Zustand.

Der Sachverständige besichtigt die gesamte Lieferung und wählt die Probestücke aus. Aus den Probestücken werden die Probestäbe herausgearbeitet[24]). Die abgenommenen Stücke erhalten nach der Prüfung den Abnahmestempel.

Werden Flußstahlflansche abgenommen, so können die Festigkeitseigenschaften des Werkstoffes ermittelt werden:

a) an Probestäben aus den fertigen Flanschen oder Rohlingen oder, falls dies nicht möglich ist,

b) an Probestäben aus dem Ausgangs-Werkstoff (Knüppel, Blech usw.).

Die Entnahme der Probestäbe im Fall a erfolgt bei Stahlgußflanschen und bei fertigen oder rohen (fertig geglühten) Flußstahlflanschen etwa nach Maßgabe der Abb. 3, die zeigt, daß auch in den bearbeiteten und gebohrten Flanschen die erforderlichen Probestäbe untergebracht werden können[24]).

Im Fall b werden bei Knüppeln die Probestäbe in der Längsrichtung derart entnommen, daß ihre Achse von den Außenflächen des Knüppels jeweils $\frac{1}{3}$ der Seitenlänge des Querschnittes entfernt ist. Werden Flansche aus Blechen hergestellt, so können die Bleche selbst abgenommen werden, unter der Voraussetzung, daß die Flansche nur mit spanabhebenden Werkzeugen herausgearbeitet werden oder bei Herausbrennen mit dem Schneidbrenner eine genügende Beseitigung der Schnitteinflußzone erfahren, und daß sie keiner zusätzlichen Wärmebehandlung unterworfen werden. Andernfalls sind die fertigen Flansche zu prüfen.

[24]) Bei kleineren Stückzahlen ist es bei Stahlguß wirtschaftlicher, die Probestäbe nach DIN 1681 anzugießen. Diese müssen aber auf möglichst große Längen in enger Verbindung mit dem Werkstück stehen und so angeordnet sein, daß die Eigenschaften denen des Stückes möglichst entsprechen (s. Ziff. 119). Bei flußstählernen Flanschen aus Blechen oder Flacheisen nach DIN 1611 müssen die nach Abb. 3 angeordneten Probestäbe mindestens die Werte für Querproben erreichen. Die Kerbschlagprobe ist möglichst quer zu legen (bei Flacheisen als Ausgangswerkstoff kann die Faserrichtung durch einen Schwefelabdruck am Umfange ermittelt werden).

Bei geschmiedeten oder gepreßten Vorschweißbunden und Vorschweißflanschen empfiehlt es sich, einen Einblick in den durch das Herstellungsverfahren erzielten Faserverlauf zu gewinnen dadurch, daß ein Probestück aufgeschnitten und nach Oberhoffer geätzt wird. Der Faserverlauf soll möglichst der Endgestalt des Stückes entsprechen (s. Ziff. 72 und 76).

54 Die gesamte Lieferung ist in Gruppen von höchstens je 100 Stück einzuteilen und vorzulegen. Die Gruppen sollen möglichst Stücke gleicher Schmelze enthalten. Für die mechanischen Prüfungen des Werkstoffes sind aus jeder Gruppe 2 vH der Stücke, mindestens aber ein Stück, vom Sachverständigen auszuwählen.

Bei der Ausführung der Prüfungen an Probestäben aus Knüppeln oder Blechen gelten als Gruppe soviel Knüppel oder Bleche, wie etwa für die Herstellung von 100 Flanschen notwendig sind.

55 Folgende Proben sind zu entnehmen:

bei Stahlguß	bei Flußstahl
1 Zugprobe	1 Zugprobe
1 Biegeprobe	1 Kerbschlagprobe
1 Kerbschlagprobe	

und, nach besonderer Vereinbarung, Warmzugproben. Für die Mehrlieferung der Anzahl von Stücken, die zur Probenentnahme dienen, ist Sorge zu tragen.

56 Die Besichtigung hat nach der Bearbeitung an allen Stücken zu erfolgen[25]).

Die Flansche sollen frei von Fehlern sein, welche die Verwendbarkeit und Bearbeitbarkeit beeinträchtigen. Als solche Fehler gelten

1. für geschmiedete und gepreßte Flansche: Risse, Abblätterungen, Schiefer, Doppelungen, Schlackeneinschlüsse;
2. für Stahlgußflansche: Gußfehler, Blasen, Lunker, Schlackeneinschlüsse, poröse Stellen, Schrumpfrisse.

Die Flansche müssen in gutem Glühzustände sein und dürfen keine schädlichen Spannungen haben. Die Oberfläche soll möglichst glatt und eben sein, an den Schraubenauflagestellen ist

---

[25]) Der Sachverständige soll mit dem Lieferwerk vereinbaren, ob bereits eine Besichtigung und Entnahme der Probestücke bei den unbearbeiteten Flanschen stattfinden soll. Eine etwa erforderliche Nachbehandlung kann dann leichter vorgenommen werden. In diesem Falle sind die bearbeiteten Flansche insbesondere nach dem Bohren der Löcher, ein zweites Mal zur Besichtigung vorzulegen.

Bearbeitung erforderlich. Diese Auflageflächen müssen parallel zu den Dichtungsflächen sein.

Fehler dürfen nur mit ausdrücklicher Genehmigung des Sachverständigen ausgebessert werden. Die Anwendung von Schweiß- und Schneidbrennern zur Ausgleichung von Oberflächenfehlern und Ausbesserungen ist hierbei nur an gering beanspruchten Stellen

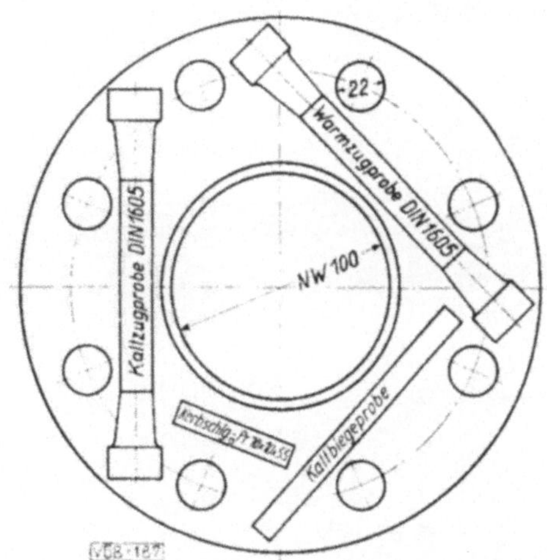

Abb. 3. Anordnung der Probestäbe im Flansch.

und nur dann zulässig, wenn der Flansch nochmals normalgeglüht wird.

Durch die Besichtigung nach der Bearbeitung, insbesondere an den Bohrungen, sollen Stücke mit Lunkern, Einschlüssen und Doppelungen ausgeschieden werden. Bei Einwalzflanschen soll die Mittelbohrung sauber bearbeitet, rund, längsriefenfrei und metallisch rein sein. Gewinde sollen gut passen, Gänge dürfen nicht ausgebrochen sein.

57 Maßabweichungen für Flansche, die unbearbeitet bleiben:

Flanschdicke . . . . $- 0 + 10$ vH

Außendurchmesser bis 100 mm . . . . $- 0 + 2$ mm,

über 100 mm . . . . $- 0 + 5$ mm.

Zugversuch

58 Die Zerreißstäbe sollen in der Regel nach DIN 1605 als kurze Proportionalstäbe mit

$$L = 5\,d = 5{,}65 \cdot \sqrt{F_0}$$

ausgeführt werden. Flußstahl und Stahlguß müssen nachstehenden Werten entsprechen:

| | Marken-bezeich-nung | Zugversuch nach DIN 1605 | | | C-Gehalt % (für Ab-nahme nicht bindend) |
| | | Streck-grenze | Zugfestig-keit | Bruchdehnung am kurzen Normal- oder Proport.-Stab[27] | |
		kg/mm²	kg/mm²	%	
Fluß-	St. 42.11	23	42—50[26]	24	0,25
stahl.	St. 50.11	27	50—60	22	0,35
DIN	St. 60.11	30	60—70	17	0,45
1611	St. 70.11	35	70—85	12	0,60
Stahl-			mindest.		
guß	Stg. 38.81 S	18	38	25	
DIN	Stg. 45.81 S	22	45	22	
1681					

Legierte Stähle nach besonderer Vereinbarung.

Für hochwertigen Elektrostahlguß wurden folgende Eigenschaften bei der Abnahme durch die MPA, Stuttgart, erreicht:

Be-zeich-nung	Prüf-temp.	Streck-grenze kg/mm²	Festigk. kg/mm²	Bruch-dehng. %	0,2 % Dehngr. kg/mm²	Dauerstand- Streck-grenze kg/mm²	Festigk. kg/mm²	Zeitpunkt der Abnahme
Pyknos	20 °	30—36	51—57	28—32	—	—	—	III.-IV. 33
	500 °	—	30—32	19,4—30,6	15—17	—	—	XII. 32
	500 °	—	—	—	—	8—10	10—13	IV. 34

Kaltbiegeversuch nach DIN 1605

59   Die Kaltbiegeproben sollen etwa quadratischen Querschnitt bei genügender Länge (mindestens 7 mal Probenbreite) haben. Die Kanten sollen leicht gebrochen, die Proben im allgemeinen allseitig bearbeitet sein. Die Biegung erfolgt senkrecht zur Flanschebene. Kleinere Flansche können als Ganzes gebogen werden, sofern die

---

[26] Die Streckgrenze beträgt im allgemeinen 55 % von σ_B.

[27] Bei Querzugproben gelten um 2 Einheiten geringere Dehnungswerte.

Einrichtungen dies zulassen. In diesem Falle muß für Zerreiß-versuche und Kerbschlagversuche ein weiteres Stück ausgewählt werden.

Die Proben sind um einen Dorn zu biegen. Hierbei dürfen sich keine deutlichen Anrisse zeigen.

Der Biegewinkel muß betragen:

$$\left.\begin{array}{l}\text{bei Stg. 38.81 S}\\\text{bei Stg. 45.81 S}\end{array}\right\} \text{Dorndicke} = 2\,a \left\{\begin{array}{l}\cdots\cdots 180°\\\cdots\cdots\ \ 90°\end{array}\right.$$

Für legierten Stahl und legierten Stahlguß sind besondere Vereinbarungen zu treffen.

Beim Biegen ganzer Flansche entscheidet der Sachverständige nach dem Befund bei der Ausführung des Versuches.

60   Kerbschlagversuch

Die Kerbschlagproben erhalten folgende Abmessungen: 30 mm Höhe, 15 mm Breite, 160 mm Länge, Rundkerb 4 mm Durchmesser, Bruchquerschnitt 15×15 mm. Reicht der Werkstoff nicht aus, so können kleine DVM-Proben, $10 \times 10 \times 55$ mm, Rundkerb 2 mm Durchmesser, Bruchquerschnitt 7×10 mm, Auflage 40 mm (Pendel-schlagwerk mit 10 mkg Schlagarbeit) gewählt werden. Über die Wahl der Probenform entscheidet der Sachverständige[28]).

Die Kerbzähigkeit in mkg/cm^2, bezogen auf den Stab $30 \times 15 \times 160$ mm mit 4 mm Rundkerb und 15×15 mm Bruch-querschnitt, soll betragen (Prüftemperatur etwa 20° C):

bei Flußstahl		bei Stahlguß		Härtere C-Stähle
mit einer Festigkeit in kg/mm^2 von		mit einer Festigkeit in kg/mm^2 von:		sowie legierte Stähle und legiert. Stahlguß
42—50	50—60	mind. 38	mind. 45	nach besonderer
6	4	6	4	Vereinbarung.

Die Kerbzähigkeitswerte der kleinen Probe $10 \times 10 \times 100$ (Rundkerb 1,3 mm) stehen für Kohlenstoff-Stähle zu den Werten

---

[28]) Dem Sachverständigen wird empfohlen, die Sammlung von Erfahrungswerten mit der kleinen DVM-Probe dadurch zu unter-stützen, daß er aus den Bruchstücken der großen Proben kleine DVM-Proben anfertigt und prüft. Die Geschäftsstelle der VGB sammelt diese Unterlagen, um einen Maßstab für die Werte zu gewinnen und die Einführung dieser Probe zu fördern.

der großen Probe nach den bisherigen Versuchen am häufigsten im Verhältnis von etwa 1 : 2,3[29]).

61   Versagt bei den Versuchen eine Probe, so sind an ihrer Stelle zwei neue zu prüfen. Versagt eine davon gleichfalls, dann ist die ganze Gruppe zurückzuweisen. Hält auf Grund von stark ungleichen Prüfungsergebnissen der Sachverständige Gleichmäßigkeitsprüfung für angezeigt, so kann dazu die Kugeldruckprobe herangezogen werden.

Probestücke mit deutlich sichtbaren Fehlern sind bezüglich der Festigkeitseigenschaften nicht mit zu bewerten.

Bei mangelnder Kerbzähigkeit kann im Einverständnis mit dem Sachverständigen Nachglühung vorgenommen werden.

62   Für Warmzerreißversuche gilt das in Ziff. 9—11 und 14 Angegebene.

Herstellung der Flansche und Rohrverbindungen

63   Alle für Heißdampf-Rohrleitungen verwendeten Flansche müssen so gebaut sein, daß die Befestigung des Flansches auf dem Rohr durch keine Wärmedehnung gefährdet werden kann und auch die Dichtheit der Flanschverbindung durch Wärmedehnungen nicht vermindert wird. Es muß bei allen Temperaturen eine zuverlässige Sicherung des Flansches gegen Verschiebung auf dem Rohr gewährleistet sein. Zahlreiche Verbindungsarten entsprechen diesen Bedingungen nicht und dürfen daher nicht angewandt werden. Werden bei kleineren Rohrdurchmessern Aufwalzflansche verwendet, so sind besondere, von der Einwalzung vollkommen unabhängige zusätzliche Befestigungen, z. B. Bolzen oder Schrauben, vorzusehen. Größere Durchmesser ergeben keine genügende Haftkraft. Bei hohen Temperaturen bleibt nur bei geeigneten legierten Stählen die Walzspannung erhalten. Über die Sicherung durch Niete siehe Ziff. 66.

Falls nicht der ganze Flansch abgedreht wird, sind die Schraubenauflageflächen zu hinterfräsen.

Walzflansche und Nietflansche
Aufwalzflansche

64   Die in DIN 2583 für ND 25 und in DIN 2584 für ND 40 aufgeführten einfachen Walzflansche ohne Sicherungen werden für

---

[29]) Über Verhältniswerte anderer Kerbschlag-Probeformen siehe: Mailänder u. Fischer, Kruppsche Mh. 1929, H. Juli, S. 99; Körber u. Wallmann, Mitt. Kais.-Wilh.-Inst. Eisenforschg., Bd. XII, 1930, Abh. 157; Moser, Z. VDI 1932, H. 11, S. 257.

Heißdampfrohrleitungen[30]) nicht angewandt. Auch die in DIN 2583 und 2584 angegebenen Walzrillen und Abfasungen für die Bördelung des Rohres können nicht als solche zusätzlichen Sicherungen angesehen werden. Verbindung von Walzen mit Schweißen ist unbrauchbar, weil die Temperaturerhöhung beim Schweißen die Spannung der Walzverbindung beseitigt. Solche Verbindungen sind als reine Schweißverbindungen anzusehen.

Nietflansche

65 Auch reine Nietflansche nach DIN 2603 für ND 25 und DIN 2604 für ND 40 sind für Heißdampfrohrleitungen unzulässig.

Walznietflansche

66 Walznietflansche und Flansche mit beliebiger Befestigung und Sicherheitsnietung sind für neuzuerrichtende Heißdampfrohrleitungen, die für Dampfdrücke von ND 25 und mehr und für Dampftemperaturen von 400° und mehr bestimmt sind, unzulässig. Die Erfahrungen haben gezeigt, daß bei Drücken über ND 25 und bei Temperaturen über 400°, insbesondere bei schwankender Belastung und Überhitzung und bei öfterem Abstellen der Anlage, die Niete stark zu Undichtheiten neigen. Durch den Nietvorgang wird ferner die Spannungsverbindung, die durch das Einwalzen hergestellt ist, wegen der dabei herrschenden Anwärmung und Pressung meistens wieder aufgehoben, so daß die Rohrwand sich vom Flansch wieder abhebt und die Niete auf Abscheren beansprucht werden. Außerdem ist jede Nietverbindung wegen des unstetigen Spannungsverlaufes wechselnden Beanspruchungen gegenüber empfindlich.

Flansche mit besonderer Sicherung

67 Diese Flanschbauarten (s. Anh. 2, Ziff. A 2) sind bisher nicht genormt. Bei ihrer Herstellung ist darauf zu achten, daß die Flansche sauber auf das Rohrende aufgepaßt werden. Die Bolzenlöcher bzw. Pfropfenlöcher sind dann gemeinsam sorgfältig zu bohren und evtl. aufzureiben. Gewinde müssen als Feingewinde sauber geschnitten sein und stramm passen. Die Verschweißung durchgehender Bolzen muß dicht sein (s. a. Anh. 2, Ziff. A 2). Die äußere Schweißung sollte vermieden werden, da sie — wie die Kragenschweißung — die

---

[30]) In DIN 2583 und 2584 wird die Stufe H 20 und H 32 gestrichen werden.

Nachprüfung der Dichtheit der inneren Schweißung verhindert und dadurch das Eindringen von Dampf zwischen Rohr und Flansch ermöglicht.

Auf der Stirnseite wird der Flansch mit dem Rohr verschweißt.

Nach dem Schweißen wird die Dichtfläche sorgfältig eben abgedreht und tuschiert. Wenn die Dichtung nicht in erster Linie auf der Rohrwandung aufliegt, dann muß auch diese Stirnschweiße dicht sein, damit kein Dampf zwischen Flansch und Rohr tritt. Falls Kragenschweißung angewandt wird, muß eine Druckprobe vor deren Aufbringung erfolgen, um zu erkennen, ob die übrigen Schweißen dicht sind.

68   Gegen die Kragenschweißung können Bedenken erhoben werden. Sie hat gewisse Nachteile: Einmal dehnt sich der Flansch anders aus als das Rohr, auf die Schweiße kommen daher Schubspannungen, welche sie mit der Zeit zerstören können. Außerdem verursacht die elektrische Schweißung namentlich bei nicht geeigneten Elektroden eine erhebliche Einbrandtiefe[31]) in die Rohroberfläche und eine Beeinflussung des Rohrgefüges, die sich oft über die Hälfte und mehr der Wanddicke erstreckt. Hierdurch kann das Rohr an einer Stelle hoher Beanspruchung geschwächt werden.

Lose Flansche mit Bördelung

69   Lose Flansche mit gebördeltem Rohr sind nur bis ND 10 genormt (DIN 2642 für ND 10). Sie werden aber mit Erfolg bis zu höchsten Drücken verwendet.

Die Bördelungen dürfen nicht von Hand hergestellt werden, da hierbei die Wanddicke am Bördel geschwächt wird.

Die Herstellung der Bördelung erfolgt mit kraftgetriebenen Vorrichtungen, um auch die großen Wanddicken der Hochdruckrohre bördeln zu können. Die Bördel müssen nach dem Pressen gut eben sein, so daß sie mit geringem Span abgedreht werden können und an Flansch und Dichtung überall anliegen. Die Herstellung erfolgt bei stets genügender Verformungstemperatur, der erzeugte Bördel muß an allen Stellen ebenso stark oder stärker sein als die Rohrwand. Es ist größter Wert darauf zu legen, daß die Festigkeit der Flanschverbindung mindestens der des Rohres entspricht.

Verschiedene Bauarten ergeben eine genügende Dicke und Festigkeit des Bördels, z. B. mechanisch durch gleichzeitiges

---

[31]) E. Schwarz: Z. VDI 1930, H. 46, S. 1565.

Walzen und Anstauchen verstärkte Bördel (Stauchbördel, s. Abb. 4 und Anh. 2, Abb. 8).

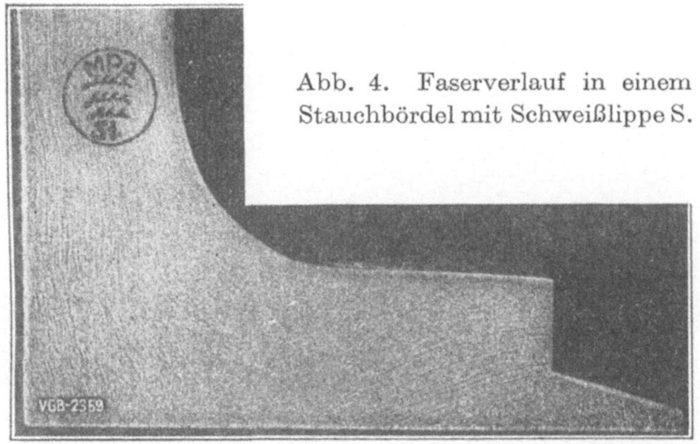

Abb. 4. Faserverlauf in einem Stauchbördel mit Schweißlippe S.

70   Bei allen Bördelflanschen, bei denen der Bördel die Stirnseite und Dichtungsauflage bildet, sind Vorkehrungen dagegen zu treffen (Anbringung von Körnermarken usw.), daß beim Abdrehen der Stirnseiten die Rohrwand am Bördel nicht geschwächt wird.

71   Der in DIN 2655 für ND 25 und in DIN 2656 für ND 40 vorgesehene lose Flansch mit besonders auf dem Rohr befestigtem Bordring darf bei Heißdampfrohrleitungen nicht angewandt werden, wie dies durch Fortlassung der Stufe H im Normblatt vorgesehen ist.

Lose Flansche mit angestauchtem Bund

72   An Stelle des Bördels wird bei Stauchbunden eine besondere Verstärkung der Flanschauflage durch achsiales Anstauchen der Rohrwand angestrebt (Anh. 2, Abb. 9). Bei diesen Stauchbunden gilt in erhöhtem Maße das in Ziffer 53, letzter Abs., Gesagte.

Um einen der Endgestalt des Bundes möglichst entsprechenden Faserverlauf zu erzielen, muß das Anstauchen in mehreren Stufen und bei guter Hitze erfolgen.

Beim Abdrehen der Stirnseiten sind vorher Körnermarken anzubringen, um zu ermitteln, wieviel vom Werkstoff entfernt wurde.

Gewindeflansche

73 Für Gewindeflansche gelten folgende Normen:

DIN 2567 für ND 25 und 40,
DIN 2568 für ND 64,
DIN 2569 für ND 100.

Gewindeflansche kommen nur für höhere Drücke und große Rohrwanddicken, aber nicht für höchste Temperaturen in Frage. Es ist darauf zu achten, daß die Gewinde nach DIN 259 sauber ausgeschnitten sind. Ausgebrochene Gewindegänge dürfen nicht zugelassen werden. Der Flansch soll sich fest passend auf das Rohr aufdrehen lassen (s. Ziff. 123 u. 128).

Bei sehr hohen Betriebstemperaturen, die wesentlich über 430° lagen, hat der Gewindeflansch versagt[32]). Dieses Versagen war auf verschiedene Umstände zurückzuführen, von denen folgende wichtig sind:

Durchbiegung des Flansches beim Anfahren infolge der Temperaturunterschiede und im Betriebe infolge Überschreitung der Dauerstandstreckgrenze des Flanschwerkstoffes, Verformung des Rohres durch Verkürzung seines Umfanges infolge seiner schnelleren Anwärmung beim Anfahren.

74 Für sehr hohe Temperaturen (etwa über 430°) eignet sich nach den bisherigen Erfahrungen kein Flansch, der auf dem Rohr unmittelbar befestigt ist.

Für diese Verhältnisse haben sich lose Flansche hinter Bunden oder Bördelungen bewährt. (Ziffer 69 und 72.)

Schweißverbindungen

75 Schweißverbindungen an Stelle von Flanschen können in Rohrleitungsanlagen entsprechend dem heutigen Stande der Schweißtechnik zur Verminderung der Zahl der Dichtungsstellen oder zur Befestigung der Flansche angewandt werden. Bei ihrer Anwendung ist jedoch, entsprechend dem in Ziff. 3 Gesagten, Vorsicht und Sorgfalt geboten. Wegen der Verantwortung für die Güte der Schweißung soll diese in der Regel nur im Lieferwerk selbst von zuverlässigen und geübten Schweißern ausgeführt werden. Schweißungen am Aufstellungsort kommen nur dann in Frage, wenn sie unvermeidlich sind und wenn dort ebenso zuverlässige Schweißer und Einrichtungen zur Verfügung stehen.

---

[32]) Marguerre, Z. VDI 1932, Nr. 12, S. 287.

Schweißungen an legierten Rohren dürfen nur im Einvernehmen mit dem Werkstoffhersteller unter Angabe der geplanten Anordnung der Schweißnaht vorgenommen werden. Falls bei Schmelzschweißung ein höher legierter Werkstoff mit einem Stahl niedrigerer Legierung oder einem C-Stahl zu verschweißen ist, wird die Elektrode meist aus dem höher legierten Werkstoff gewählt. Eine Warmbehandlung nach Angaben des Stahlwerkes ist gegebenenfalls anzuschließen. Das Glühen kann auch mit elektrisch- oder gasbeheizten Mantelöfen erfolgen, die um das Rohr gelegt werden. Beim elektrischen Stumpfschweißen kann vom Glühen abgesehen werden. Nötigenfalls sind Versuchsschweißungen unter entsprechenden Verhältnissen durchzuführen.

In Fällen, wo die Schweißungen unter ungünstigeren Bedingungen und schwierigeren Umständen nicht ganz vollwertig auszuführen möglich sind, können als Sicherung Querlaschen nach Anh. 2, Ziff. A 6, Abb. 10, angebracht werden. Über-Kopf-Schweißungen sollen auf die unumgänglich notwendigen Fälle beschränkt bleiben.

76 Vorschweißbunde oder Vorschweißflansche (Anh. 2, Abb. 1 u. 2) werden aus dem Vollen geschmiedet oder gepreßt. Das Rohrpreßstück soll der Endgestalt möglichst weitgehend entsprechen, um zu vermeiden, daß infolge zerschnittener Fasern Undichtheiten oder Risse entstehen, siehe Ziff. 53, letzter Abs. und Ziff. 72 (über die zu verwendenden Schweißverfahren siehe Anh. 2, Ziff. A 1).

Schrauben und Verschraubungen

Werkstoffe und Abnahme von Schrauben und Muttern

77 Alle Schrauben für eine Heißdampf-Rohrleitungsanlage sollen möglichst von ein und demselben Hersteller aus gleichem Werkstoff bezogen werden, um eine einfache und übersichtliche Lagerhaltung zu gewährleisten und Verwechselungen zu vermeiden. Die Anschlüsse der Kessel und Turbinen sollten ebenfalls hierin einbezogen werden.

Als Werkstoff für Schraubenbolzen von Heißdampfrohrleitungen ist für die nach diesen Richtlinien bestellten Anlagen nach DIN 2507 Flußstahl St C 35.61 DIN 1661 oder Sonderstahl zu verwenden.

Nach DIN 2507 gelten für Schrauben aus St C 35.61 bei sorgfältig bearbeiteten Schraubenbolzen folgende zulässigen Beanspruchungen:

	Werkstoff	Schraubendurchmesser Zoll engl.	Zulässige Höchstbelastung kg
Für Heißdampf bis etwa 400°	St C 35.61 geglüht	$\frac{1}{2}$	140
		$\frac{5}{8}$	353
		$\frac{3}{4}$	657
		$\frac{7}{8}$	1044
		1	1546
		$1\frac{1}{8}$	2112
		$1\frac{1}{4}$	2929
		$1\frac{3}{8}$	3632
		$1\frac{1}{2}$	4682
		$1\frac{3}{4}$	6712
		2	9284

Für Sonderstähle sind vom Lieferwerk Angaben zu machen.

Die in der Zahlentafel festgelegten zulässigen Beanspruchungen setzen eine sorgfältige Ausführung der Dichtflächen und Schrauben, eine passende Auflage von Mutter und Schraubenkopf sowie ein einwandfreies Dichtungsmaterial voraus.

78 Die Werte der Zahlentafel können ferner nur etwa bis 400° als genügend angesehen werden. Das Verhalten des Werkstoffes bei Betriebstemperatur ist zu berücksichtigen. Es gilt hierfür das in Ziff. 9—11 Gesagte. Die zulässige Höchstbelastung in der Zahlentafel Ziff. 77 ist entsprechend dem Verhalten des Werkstoffes StC 35.61 bei der Betriebstemperatur zu ermäßigen. Der Besteller hat nach Ziff. 8 die höchste Betriebstemperatur anzugeben. Als Betriebstemperatur der Schrauben gilt die Temperatur des Dampfes. Das Lieferwerk hat hierzu über die Streckgrenze bzw. über die Dauerstandswerte unter Nennung der Versuchsdauer und Belastungsart Angaben zu machen[4]) (s. Ziff. 9—11 und 44).

79 Außer den Festigkeitseigenschaften, die temperatur- und zeitabhängig sind, sind auch Elastizitätsmodul, Wärmeleitfähigkeit und Wärmeausdehnung temperaturabhängig. Für den Cr-Mo-Stahl FK 335 (Krupp) gilt z. B. nach Angabe der Lieferfirma folgende Temperaturabhängigkeit des Elastizitätsmoduls des Stahles:

Temperatur °C	Elastizitätsmodul kg/mm²
20	21 000
300	19 900
400	19 000
500	17 600

Die Wärmeleitfähigkeit legierter Stähle nimmt mit dem Chromgehalt ab, bei höher legierten Stählen können daher die Kräfte infolge von Temperaturunterschieden höher werden.

Die Wärmeausdehnungszahlen des Stahles FK 335 sind z. B. folgende:

Temp. °C	0—100°	0—400°	0—700°
Wärmeaus-dehnungs-zahl	$11,9 \times 10^{-6}$	$13,7 \times 10^{-6}$	$14,5 \times 10^{-6}$

80 Manche Chromnickelstähle neigen zu Anlaßsprödigkeit, d. h. bei sehr langer Einwirkung von Temperaturen, die wesentlich über 400° C liegen, nimmt ihre Fähigkeit, schlagartige Beanspruchungen (rasche Formänderungsarbeit) aufzunehmen, stark ab. Ihre Kerbzähigkeit wird dabei geringer. Diese Eigenschaft ist nicht notwendig mit Alterungserscheinungen verbunden, da solche Stähle trotzdem meist auf künstliche Alterung nicht ansprechen. Oberhalb einer Temperatur von etwa 300° ist im allgemeinen auch der anlaßspröde Stahl zähe, die Gefahr der Anlaßsprödigkeit ist daher in der Hauptsache bei niedrigen Temperaturen solcher Bolzen vorhanden. Schlagartige Beanspruchungen müssen daher vermieden werden, wenn Schraubenbolzen aus Chromnickelstahl gewählt wurden. Für Heißdampfrohrleitungen wird reiner Chromnickelstahl kaum noch angewandt. An seiner Stelle kommen heute Molybdän- oder Chrom-Molybdän-Stähle zur Anwendung, für sehr hohe Temperaturen Chrom-Nickel-Molybdän-Stähle, welche die nachteiligen Eigenschaften der reinen Chromnickelstähle nicht aufweisen.

81 Im allgemeinen wird man bei der Wahl des Schraubenwerkstoffes den größten Wert auf eine hohe Dauerstandfestigkeit bzw. Dauerstandstreckgrenze legen und in Kauf nehmen, daß man beim Anziehen im kalten Zustande sehr vorsichtig sein muß. Man

verwendet daher beim Anziehen der Schrauben beim Zusammenbau der Rohrleitung (s. Ziff. 137) Meßuhren oder Dehnungsmesser, um die Beanspruchung der Schraubenbolzen bzw. der Flansche nicht zu hoch werden zu lassen.

82   Bei Dampftemperaturen über 400° ist die Gefahr des Festbrennens der Muttern durch Oxydation der Gewindegänge besonders groß, wenn Mutter und Bolzen aus gleichem Werkstoff bestehen. Bei gelegentlichem Nachziehen oder beim Lösen kann ein Fressen der Gewinde eintreten (s. Ziff. 137).

Die Muttern sollen daher aus einem anderen Werkstoff als die Schraubenbolzen bestehen. Für die Schraubenbolzen aus niedrigprozentigem Manganstahl (St C 35.61) empfehlen sich Muttern aus St 38.13 DIN 1613, bei denen die Neigung zum Fressen gering ist.

Muttern für Schraubenbolzen aus legiertem Stahl, z. B. Cr-Ni-Mo-Stahl, werden zweckmäßig aus hartem C-Stahl besonderer Güte hergestellt (z.B. A 9 O). Preßmuttereisen darf nicht verwendet werden.

83   Der Nachweis der Eigenschaften erfolgt durch Sachverständigenbescheinigung[33]).

Für den Werkstoff der Muttern ist die Erfüllung der Eigenschaften nur nachzuweisen, wenn die Festigkeit höher ist als 45 kg/mm².

Anzahl der Probestücke

84   Von je 500 kg, jedoch von nicht mehr als 25 Stangen gleicher Schmelze und etwa gleichen Durchmessers ist eine, mindestens aber eine Stange aus einer Schmelze, vom Sachverständigen für die Versuche auszuwählen. Aus der gewählten Stange sind je ein Probestab für Zerreißversuch und Kaltbiegeversuch und, falls

---

[33]) Um nicht für jeden kleinen Posten von Schraubenwerkstoffen die Abnahme durch Sachverständige notwendig zu machen, empfiehlt sich bei den Lieferfirmen die Lagerhaltung von abgenommenen, gängigen Werkstoffen. Bei Entnahme aus solchen Vorräten genügt eine schriftliche Erklärung des Lieferers, daß er den Werkstoff mit Werksbescheinigung oder, soweit Sachverständigenbescheinigung vorgeschrieben ist, mit einer solchen erhalten hat. — Abschrift der Bescheinigung ist auf Wunsch beizubringen.

<u>vereinbart</u>, ein weiterer Stab für Warmzerreißversuche zu entnehmen.

Falls die Abnahmeprüfungen an fertigen Schraubenbolzen und Muttern vorgenommen werden, sind von je 100 fertigen Schraubenbolzen und Muttern gleicher Schmelze je 1 Stück zu entnehmen. Die fertigen Schraubenbolzen werden dem Zugversuch unterworfen, die Muttern dem Quetschversuch.

Wird das Ausgangsmaterial untersucht, dann ist von je 500 Muttern daneben eine dem Quetschversuch zu unterwerfen.

Zugversuche

85   Flußstahl für Schraubenbolzen muß den nachstehenden Werten der Zahlentafel aus DIN 1661 genügen.

Marken-bezeich-nung	Zustand	Zugversuch nach DIN 1605				Koh-len-stoff-gehalt C	Man-gan-gehalt Mn höch-stens	Sili-zium-gehalt Si höch-stens
		Zug-festig-keit	Bruch-dehnung min-destens %		Streck-grenze min-destens			
		kg/mm^2	δ_5	δ_{10}	kg/mm^2	%	%	%
St C 35.61	geglüht	50—60	23	19	28	0,35	0,80	0,35

Bei Sonderstählen sind vom Lieferwerk die entsprechenden Eigenschaften anzugeben.

86   Im zweistündigen Versuch wurden bei stufenweiser Belastung an St C 35.61 aus zwei Lieferwerken folgende Werte der 0,2% Dehngrenze festgestellt (MPA Stuttgart):

Versuchs-temperatur °C	0,2% Dehngrenze kg/mm^2 Lieferwerk	
	A	B
20	35,0—36,0	32,8—33,5
300	28,3	25,6—27,0
400	23,6—24,7	23,2—24,6
500	18,4	18,2—18,9

87   Bei nachstehenden Sonderstählen werden für Schraubenstangen von den Stahlwerken folgende Festigkeitswerte angegeben, die natürlich im Einzelfalle nachzuprüfen sind:

Stahl-Sorte	Liefer-werk	Temp. °C	Streck-grenze[34] kg/mm²	Festig-keit kg/mm²	Deh-nung % 5 d	Dauer-stand-festig-keit kg/mm²
FK 34 Cr-Mo- Stahl vergütet[36]	Fried. Krupp A. G.	20 400 450 500	60 40 36 33	80—90 — — —	16 — — —	—[35] 35 20 10
FKM 54 Cr-Mo-V- Stahl vergütet[36]	„	20 400 450 500	90 60 54 45	110—120 — — —	14 — — —	—[35] 40 24 13
EFK 2338 Cr-Mo-Ni vergütet[36]	„	20 400 450 500	60 49 45 40	80—90 — — —	16 — — —	—[35] 45 34 26
ZOVM Cr-Mo-V öl- vergütet[36]	Deutsche Edelstahl-werkeA.-G., Krefeld	20 400 500	90 65 45	105—120 — —	14 — —	—[35] 51 13
MC 100 Cr-Ni-Mo luft- vergütet[36]	„	20 400 500	60 51 39	80—90 — —	16 — —	—[35] 45 24
MC 7o Cr-Mo luft- vergütet[36]	„	20 400 500	30 26,5 20	50—60 — —	25 — —	—[35] 19 17
MC 30 Cr-Mo luft- vergütet[36]	„	20 400 500	50 41 29,5	70—80 — —	17 — —	—[35] 31 10

88   Bei Stangen aus Sonderstählen für Schrauben wurden bei Abnahmeversuchen und sonstigen Prüfungen in unabhängigen Prüfanstalten folgende Werte erreicht (MPA Stuttgart und Ruhr-zechen-Verein, Essen):

---

[34]) Bei Warmversuchen 0,2% Dehngrenze.

[35]) Dehngeschwindigkeit 10×10^{-4} %/h in der 25.—35. Stunde, Vorlast 1 kg ¼ h.

[36]) Die Vergütungstemperaturen liegen mit 600—700° genügend oberhalb der Betriebstemperaturen.

Stahl-sorte	Stahl-werk	Temp. °C	Streck-grenze[37] kg/mm²	Festig-keit kg/mm²	Deh-nung δ_5 %	Zeit-punkt der Ab-nahme	Dauerstand-Streck-grenze kg/mm² nach Siebel u. Ulrich[39]	Dauerstand-Festig-keit kg/mm² nach Pomp u. Enders
FK 34 Cr-Mo-Stahl	Fried. Krupp A.-G.	20	65	82	21,9	V. 1932	—	—
		500	—	—	—	—	8	12
FKM 54 Cr-Mo-V-Stahl (vergüt.)	„	20	102	110,5	17,5	X. 1931	—	—
		470	74,6-77,1	86,6	12,5		—	—
		500	—	—	—	—	16	etwa 20
	„	20	108-111	106-125	16—14	IX.-XII. 1932		
		20	—	127-138	13—12	I. 1933		
EFK 2338 G Cr-Mo-Ni-Stahl	„	20	77,6 76,6	83,6	19,4	XI. 1934		
		500	50—52	57—60	17,3—18,7	XI. 1934	∼32	
RD 55	Deut-sche Röh-ren-werke A.-G.	20	40	68,4	25	IV. 1932		
		500	32	65	21		üb. 20	—
ZOVM Cr-Mo-V-Stahl	Deut-sche Edelst-Werke A.-G.	500	56	72,5	21,8	VIII. 1935	20	22,5 [38]
MC 100 Cr-Ni-Mo-Stahl	„	500	49,5	58,5	20,0	„	22	26 [38]
MC 70 Cr-Mo-Stahl	„	500	33,0	44,0	25,0	„		
MC 30 Cr-Mo-Stahl	„	500	42,5	53,5	22,2	„	20	22 [38]

[37]) 0,2% Kurzzeit-Streckgrenze bei stufenweiser Belastung.
[38]) Dehngeschwindigkeit 10×10^{-4} %/h in der 25.—35. Stunde.
[39]) Z. VDI, 1932, H. 27, S. 659.

89 Flußstahl für Schraubenmuttern muß den nachstehenden Werten aus DIN 1611, 1612 oder 1613 entsprechen:

| Marken-bezeich-nung | DIN | Zugversuch nach DIN 1605 | | | Faltversuch nach DIN 1605 | Bemerkungen |
| | | Zug-festig-keit kg/mm² | Bruch-dehnung % | | Lichte Weite der Schleife bei 180° bei Probedicke a | |
			δ_5	δ_{10}		
St 37.12	1612	37—45	25	20	0,5 a	Normalgüte
St 42.12	1612	42—50	24	20	2 a	Sondergüte
St 38.13	1613	38—45	25	20	0,5 a	—
St 50.11	1611	50—60	22	18	—	C-Gehalt ~ 0,35 %
St 60.11	1611	60—70	17	14	—	C-Gehalt ~ 0,45 %

Bei nachstehenden Sonderstählen für Schraubenmuttern werden von den Stahlwerken folgende Festigkeitswerte angegeben:

Stahlsorte	Liefer-werk	Temp. °C	Streck-grenze[40] kg/mm²	Festig-keit kg/mm²	Deh-nung 5 d %
A 9 O C-Stahl	Fried. Krupp A.-G.	20	30	60—70	22
		400	16	—	—
		450	14	—	—
		500	13	—	—
FK 34 Cr-Mo-Stahl	„	20	60	80—90	16
		400	40	—	—
		450	36	—	—
		500	33	—	—
BSH Cr-Mo-Stahl ölvergütet[41]	Deutsche Edelstahl-Werke AG Krefeld	20	über 70	100—110	11
		350	44	—	—
DMH Mn-Si-Stahl ölvergütet[42]	„	20	über 50	70—80	17
		350	31	—	—

[40] 0,2% Dehngrenze bei stufenweiser Belastung.
[41] Anlaßtemperatur 550—570°.
[42] Anlaßtemperatur 650—680°.

Bei Stangen aus Sonderstählen für Schraubenmuttern wurden bei Abnahmeversuchen folgende Werte erreicht (MPA Stuttgart):

Stahlsorte und Art	Werk	Temp. °C	Streck-grenze kg/mm²	Festig-keit kg/mm²	Deh-nung 5 d %	Zeit-punkt der Ab-nahme
A 9 O C-Stahl	Fried. Krupp A.-G.	20	43,4 o 38,9 u	66,4	25,5	XI. 34

Warmzerreißversuch

90   Werden Warmzerreißversuche vorgenommen, so sind bezüglich der zu erreichenden Werte bei der Bestellung Vereinbarungen zu treffen. Die Ausführung der Versuche erfolgt nach den in Ziff. 10, 11 und 14 (Fußnote) gegebenen Grundsätzen.

Kaltbiegeversuch

91   Der Probestab (DIN 1605) muß sich bei Flußstahl um einen Dorn mit dem Durchmesser nach der Zahlentafel Ziff. 17 um 180° biegen lassen, ohne Risse zu zeigen. Der Kaltbiegeversuch kann auch mit fertigen Schraubenbolzen ausgeführt werden. Bei Sonderstahl sind besondere Vereinbarungen zu treffen.

Quetschversuch

92   Die in Ziff. 84 angegebene Zahl von fertigen Muttern ist stets dem Quetschversuch zu unterwerfen. Die fertige Mutter muß sich hierbei flach zusammenpressen lassen, ohne Risse zu zeigen.

Bearbeitung der Schrauben

93   Für die Herstellung der Schrauben (Formgebung) gilt DIN Vornorm 2509 mit der Abänderung, daß die Schaftlänge des Schraubenbolzens auf einen Durchmesser abzudrehen ist, der kleiner ist als der Kerndurchmesser der Gewinde. Bei der jetzt in DIN 2509, Vornorm, angegebenen Form würden sich Überbeanspruchungen (insbesondere beim Anwärmen) auf die kurze Dehnlänge am Gewindegrund auswirken, s. Ziff. 46.

Nach DIN 2507 sind alle Bolzenschrauben aus St C 35.61 oder Sonderstählen nicht als Sechskantkopfschrauben, sondern mit beiderseitigem Gewinde und Mutter herzustellen, um Verwechslungen auszuschließen. DIN 2509 sieht einen zylindrischen Ansatz als Kennzeichen vor. Die Bolzen sollen auf beiden Seiten einen Schlitz erhalten. Dieser Schlitz kann indessen, insbesondere bei Molybdänstählen, die Neigung der Muttern zum Fressen im Gewinde erhöhen und ist daher gut abzuschrägen (s. a. Ziff. 82).

94   Die Gewinde sind nach DIN 11 mit Beiblättern 1—4 sauber herzustellen[43]). Ausgebrochene Gänge sind unzulässig. Die Muttern müssen sich gut passend aufdrehen lassen.

Die in DIN 11 für die Gewinde zugelassenen Maßabweichungen berücksichtigen die Abnutzung der Gewinde-Schneidwerkzeuge in der Werkstatt über eine längere Gebrauchszeit und gelten für alle Lieferungen in beliebig auseinanderliegenden Zeiten. Da aber eine einzige geschlossene Schraubenlieferung in kurzer Zeit hergestellt wird, brauchen die nach DIN zulässigen Maßabweichungen innerhalb der einheitlichen Lieferung nicht in Anspruch genommen zu werden. Es empfiehlt sich daher, in Sonderfällen bei Drücken über 100 atü und Temperaturen über 450° geringere Abweichungen zu vereinbaren.

In solchen Fällen empfiehlt es sich auch, alle Schrauben und Muttern durchlaufend mit Nummern zu versehen.

95   Bei Muttern sind die Auflageflächen sauber zu bearbeiten. Gewindegänge dürfen nicht ausgebrochen sein. Es empfiehlt sich, die Muttern mit einem seitlichen Bohrloch zu versehen, um vor dem Lösen nötigenfalls Öl einpressen zu können. Der Lochrand im Gewinde muß aber sorgfältig entgratet sein.

---

[43]) Thum, Masch.-Bau 1932, H. 11, S. 230.
    Schraivogel, Stahl u. Eisen, 1932, H. 48, S. 1189.

Dichtungen
Weichpackungen

96   Falls Eindrehungen nach DIN 2513 oder Nut und Feder nach DIN 2512 angewandt werden, können bei geringeren Nenndrücken noch Weichpackungen verwendet werden. Es sind jedoch nur bewährte Marken führender Firmen zu empfehlen[44].

Für die Bewährung von Heißdampf-Dichtungsplatten sind eine Reihe von Eigenschaften wichtig. Diese Dichtungsplatten bestehen aus einer Mischung von Asbest und Kautschuk, gegebenenfalls mit Drahteinlagen. Geeignet ist weißer kanadischer oder Ural-Serpentin-Asbest mit geeigneter Faserlänge und genügender Festigkeit. Hornblende-Asbest ist weit weniger hitzebeständig. Organischer Faserstoff soll nicht beigemengt werden, dagegen können mineralische Beimengungen, z. B. Schwerspat, günstig sein. Als Bindemittel dient Kautschuk. Der Asbestgehalt soll möglichst hoch (ca. 90%) sein, der Kautschukgehalt ca. 10%. Eine Reihe von Prüfungen ist zur Ermittlung der Eigenschaften wertvoll und kann gelegentlich in besonderen Fällen angewendet werden[45].

Zugfestigkeit. Die Proben werden längs und quer entnommen. Sie müssen eine Festigkeit von mindestens 3 kg/mm² ergeben.

Spaltbarkeit. Die Proben werden längs und quer entnommen. Der Streifen wird auf eine Länge von etwa 10 cm von Hand in zwei Schichten gespalten und dann durch Gewichtsbelastung auseinandergerissen. Bei 3 cm Breite muß die Belastung mindestens 3 kg betragen.

Raumgewicht. Es wird an einem Plattenstück, dessen Abmessungen genau ermittelt werden, das Volumen, das Gewicht und hieraus das Raumgewicht bestimmt. Das Raumgewicht soll im allgemeinen bei 1,8 bis 1,9 liegen. Höhere Werte deuten auf unzulässig schwere Beimengungen, niedere Werte auf zu hohen Kautschukgehalt oder schwammiges Gefüge hin.

Glühverlust. Der Glühverlust wird bestimmt durch halbstündiges Glühen bei 800 oder 1000° und in Hundertteilen des Gewichtes angegeben. Von Einfluß auf den Glühverlust ist der Feuchtigkeitsgehalt, der Kautschukgehalt und der Gehalt an organischen Stoffen. Der Glühverlust soll etwa 25% nicht überschreiten.

[44] Siebel, Versuche über das Verhalten von Dichtungen. Forschung 1934. H. 6. S. 298 und Sonderausgabe Mitt. VGB, 1935, H. 53, S. 122, im Buchhandel durch Jul. Springer, Berlin.

[45] Siehe R. Nitsche, Dahlem: Die Prüfung und Bewertung von Hochdruck-Dichtungsplatten.

Es empfiehlt sich, möglichst dünne Dichtungsplatten anzuwenden. Stärken über 1 mm sollten bei Hochdruckrohrleitungen vermieden werden. Hierbei muß natürlich die Dichtungsfläche vollkommen eben gedreht sein (Prüfung durch Tuschieren) und darf keine Riefen in radialer Richtung haben.

Metalldichtungen

97   Für hohe Drücke und Temperaturen wendet man Metalldichtungen an.

Als solche kommen in Frage:
Reine Metalldichtungen
> aus Weicheisen, V1M, Remanit,
> > als Linsendichtungen oder Flachringe mit Rillen.

Metalldichtungen mit Auflagen
> als V2A-Wellringe mit graphitierter Asbestauflage,
> Weicheisenringe mit Rillen mit Asbest oder Manganesitfüllung.

Gerillte Weicheisenringe, für welche Elektrolyteisen mit nicht mehr als 65—80 Brinell-Härte verwendet wurde und die beim Einlegen gut mit Manganesit ausgestrichen waren, haben sich bei höchsten Dampftemperaturen seit längerer Zeit gut bewährt, auch bei Versuchen mit höchsten Drücken und Temperaturen bis 600° haben sich Weicheisenrillenringe ohne Manganesitaufstrich bei vielfachem Anziehen und Entspannen der Dichtung ausgezeichnet verhalten. Voraussetzung für die Bewährung des Werkstoffes oder der Ausführung einer Dichtung ist, daß die Rohrverbindung selbst baulich und stofflich den auftretenden Temperaturen gewachsen ist, z. B. durch richtige Wahl des Schraubenwerkstoffes. Mängel der Verbindung können auch von der Dichtung nicht behoben werden.

98   Die Metalldichtung soll korrosions- und temperaturbeständig sein und gegenüber der Auflagefläche möglichst geringen elektrolytischen Spannungsunterschied haben. Sie soll genügende Elastizität besitzen, um den Temperaturdehnungen folgen zu können. Der Temperatur-Dehnungswert muß möglichst mit dem des Stahles übereinstimmen, besonders natürlich bei fest eingebauten Dichtungsringen. Nickel- und Monelringe haben hier zu Schwierigkeiten geführt.

Es empfiehlt sich, auch Metalldichtungen in Vor- und Rücksprung zu verwenden.

99   Die erforderliche Breite der Dichtungsfläche ist abhängig vom verwendeten Dichtungswerkstoff. Die Bearbeitung der Stirnseiten

muß so vorgenommen werden, daß die Dichtung auf dem Rohr selbst einen genügenden Anpreßdruck erhält. Wird die Dichtung zu breit ausgeführt, dann erfolgt der Anpreßdruck wegen der unvermeidlichen elastischen Durchbiegung des Flansches am Außenrand der Dichtung, während der Innenrand am Rohr sich leicht abhebt. Die Dichtung wird dann auf die Rohrstirnseite und gegebenenfalls auf die Stirn-Schweiße nicht genügend aufgepreßt, so daß bei poriger Schweiße Dampf zwischen Rohr und Flansch treten kann.

Für die Dichtungen gilt die Festlegung in DIN 2694 (nahtlose Dichtringe), daß der lichte Durchmesser d dem lichten Durchmesser des zugehörigen Rohres entspricht. Die Bestimmung in DIN 2690 (Flachdichtungen), daß der innere Durchmesser d dem äußeren Durchmesser der Flußstahlrohre entspricht, ist für Heißdampfrohrleitungen, die nach diesen Richtlinien hergestellt werden, nicht anwendbar.

Bei Anwendung von Vorsprung und Rücksprung nach DIN 2513 ist die Dichtung schmal genug gehalten und damit der Anpreßdruck genügend weit nach innen auf Rohrstirnseite und Schweiße gelegt.

100 Ist kein Vor- und Rücksprung vorhanden, dann wird zweckmäßig der Flansch etwas abgesetzt in der Weise, daß beim Überdrehen der Stirnseite das Rohr und die Schweißstelle um etwa $^1/_{10}$ mm vorspringt, während der übrige Teil der Dichtfläche zurücktritt. Die Dichtung wird jedoch über die gesamte Dichtfläche gelegt. Durch das Vorspringen der Rohrstirnseite erhält sie ihren Anpreßdruck in der Hauptsache am Innenrand und die Stirnschweiße zwischen Rohr und Flansch wird vom Dampfdruck entlastet. Diese Ausführung der Dichtfläche wird vielfach angewandt und hat sich bewährt. Die gleichen Gesichtspunkte für die Ausführung der Dichtflächen gelten auch für die Stauchbördel-Verbindung mit Wever-Schweißdichtung nach Anh. 2, Ziff. A 4, Abb. 8.

Hohlkörper und Formstücke

(Wasserabscheider, Abschlämmbehälter, Heißdampfkühler, größere Armatur- und Verteilerstücke usw.)

Allgemeines

101 Die Werkstoffe der Hohlkörper, insbesondere der Wasserabscheider, Heißdampfkühler und Abschlämmbehälter, unterliegen

hohen und wechselnden Beanspruchungen. Ihre Beanspruchung erfolgt bei der Temperatur des Heißdampfes, während Kesseltrommeln etwa gleichen Durchmessers nur unter Sattdampftemperaturen stehen, also in einem Bereich, wo der Abfall der Streckgrenze noch wesentlich geringer ist. Bei plötzlichem Eindringen von Wassermassen erfolgen außer dem Abschrecken besonders hohe Temperaturspannungen, vor allem in den Verbindungen. Der Werkstoff muß gegen Abschrecken möglichst unempfindlich sein. Zu diesen Wärmebeanspruchungen tritt der mechanische Schub der Rohrleitungen, den der Wasserabscheider als Festpunkt aufzunehmen hat. Eine sorgfältige Auswahl und Prüfung der für den Bau solcher Behälter verwendeten Werkstoffe sowie eine sachgemäße auf Grund weitgehender Erfahrungen durchgebildete Gestaltung (s. Ziff. 104) ist daher erforderlich. Für geschweißte Hohlkörper sind Kesselbleche zu verwenden, für geschmiedete und gewalzte Hohlkörper Werkstoffe gleicher Güte. Sonderstähle müssen mindestens den gleichen Anforderungen entsprechen. Stahlguß muß in bester Güte und von erfahrenen Werken geliefert werden (s. Ziff. 119). Bei Schweißung sind nur als gut bekannte Verfahren und Werke zu wählen (siehe Ziff. 107).

Berechnung der Wanddicken der Hohlkörper

102   Für die Berechnung der Wanddicken von Wasserabscheidern und Sammelkörpern gelten für Flußstahl und für Stahlguß die „Richtlinien für den Werkstoff und Bau von Hochleistungsdampfkesseln", Abschnitt Bau, und zwar:

V. für zylindrische Wandungen und inneren Überdruck,

VIII. für gewölbte Kesselböden gegen inneren Überdruck,

XIV. für Trommelausschnitte mit Deckblatt vom Juli 1933 (hierzu siehe Ziff. 104).

Gewölbte Böden mit äußerem Überdruck nach Abschn. IX sollten nicht verwendet werden. Werden sie aber verwendet, dann dürfen sie, abweichend von den Bauvorschriften für Landdampfkessel, nur mit 60% des Druckes belastet werden, der für gewölbte Böden mit innerem Überdruck zulässig ist.

Die an der Mannlochkrempe hoch beanspruchten Mannlochböden sind entweder gegenüber der aus der bisherigen Berechnungsweise sich ergebenden Wanddicke erheblich zu verstärken

oder sie sind in neuer Form auszuführen. Diese Form ist gekennzeichnet durch:

> kegelförmige Ausbildung der Bodenmitte,
> nach außen liegende Mannlochkrempe,
> aufgeschweißten Auflage- und Verstärkungsring im Innern für den Deckel[46]).

Über diese Berechnungsgrundlagen hinaus sind Nachrechnungen der Abmessungen auf Grund der besonderen Eigenschaften der Werkstoffe bei hohen Temperaturen auszuführen. Hierbei ist sinngemäß nach Ziff. 13 bis 15 zu verfahren.

103 Das in Ziff. 8 bis 11 Angegebene ist hierbei ebenfalls anzuwenden.

104 Die Verschwächung durch Stutzenausschnitte ist zu berücksichtigen.

Unter mittleren Verhältnissen ist die Spannung am Stutzenrand etwa doppelt so hoch wie die Spannung im vollen Blech außerhalb des Einflußbereiches des Stutzens. Die Ränder solcher Ausschnitte sind daher stets wirksam zu versteifen.

Der Gestaltung der Aushalsung und der Verbindung mit dem anschließenden Stutzenrohr ist größte Aufmerksamkeit zu schenken. Es ist für einen allmählichen Spannungsübergang zu sorgen, und es empfiehlt sich, die Schweißnähte durch geeignete Bördelungen des Stutzens zu verankern.[47])

Annietstutzen sind zu vermeiden.

In Fällen von neuartiger Konstruktion oder anderer Durchmesserverhältnisse von Stutzen zu Behälter, über welche noch keine Erfahrungen vorliegen, sollten stets am fertigen Behälter mit steigendem Wasserdruck Spannungsmessungen[48]) vorgenommen werden.

---

[46]) Siebel, Mitt. VGB 1934, Heft 48, S. 176. Im Buchhandel durch Jul. Springer, Berlin.

[47]) Ulrich, Mitt. VGB 1932, Heft 40, S. 280; Hennes, Mitt. VGB 1935, H. 55, S. 239.

[48]) Tensometer nach Huggenberger, „Mitt." VGB 1932, H. 40, S. 285, Abb. 37; ferner Mitt. VGB 1933, Heft 44, S. 183, 1935, H. 55, S. 257.

Setzdehnungsmesser nach Siebel, Bauart Pfender, s. Arch. Eisenhüttenwes. 1934, H. 7.

Schweiz. Bauztg. 1934, S. 67; Stahl u. Eisen, 1935, H. 24, S. 658.

Bei einem Verhältnis des Innendurchmessers des Ausschnittes oder Stutzens zum Innendurchmesser des Mantels, in dem sich der Ausschnitt befindet, von 0,1 bis 0,4 (siehe Abb. 5), ist die Umgebung des Stutzenausschnittes durch Aufbringen von Verstärkungsscheiben, deren Dicke der Blechdicke des Mantels und deren Durchmesser etwa dem doppelten Ausschnitt-Durchmesser entspricht, zu versteifen. Die Verstärkungen sollen möglichst aus dem gleichen Werkstoff bestehen wie der Mantel. Sie können durch Vernieten, besser aber durch Aufschweißen befestigt werden.

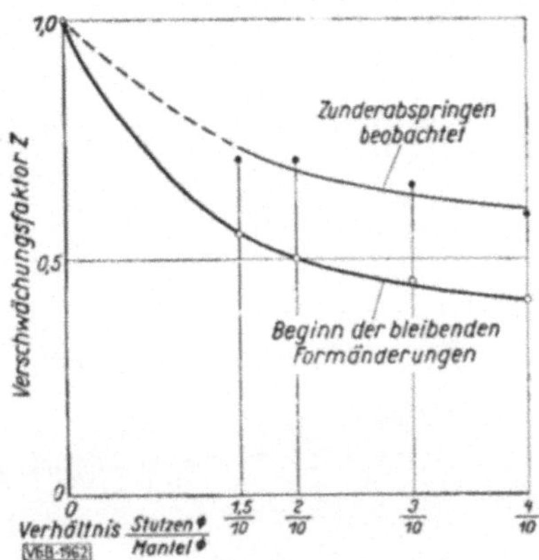

Abb. 5. Verschwächungsfaktor

$$Z = \frac{\text{Beanspruchung im vollen Blech}}{\text{Beanspruchung am Stutzen}}.$$

Am Außenrande soll die Verstärkung zur Abflachung auftretender Spannungsspitzen möglichst allmählich auf den Mantel übergehen, was auch durch eine zweckmäßige Form der Schweißraupe gefördert werden kann. Um eine einwandfreie Kraftübertragung und Kraftverteilung zu erreichen, soll am Ausschnitt die Verstärkungsplatte sowohl mit dem Mantel wie mit dem Stutzen gut verbunden sein, was ebenfalls zweckmäßig durch Verschweißen geschieht. Bei großen Ringbreiten kann zur Verbesserung der Kraftübertragung zusätzlich Lochschweißung angewandt werden. Die Verstärkung soll möglichst die Ausrundung am Stutzenanschluß mit überdecken.

Sind auf einem Mantel nahe beieinander mehrere Ausschnitte vorhanden, deren Verstärkungen sich nähern oder berühren würden, so ist mit Spannungsspitzen in den Räumen zwischen den Verstärkungsscheiben zu rechnen, und es empfiehlt sich, den ganzen zylindrischen Teil des Mantels oder Schusses aus einem dickeren Blech herzustellen, der den Anforderungen der Spannungserhöhungen an den Ausschnitten bereits entspricht. Hierbei kann dann der andere, unverstärkte Teil des Behälters durch eine Rundschweißnaht mit dem verstärkten Schuß verbunden werden. Der stärkere Teil des Mantels wird zweckmäßig in einer Länge von 8 s auf die Wanddicke s des schwächeren Teiles abgesetzt. (Abb. 6.)

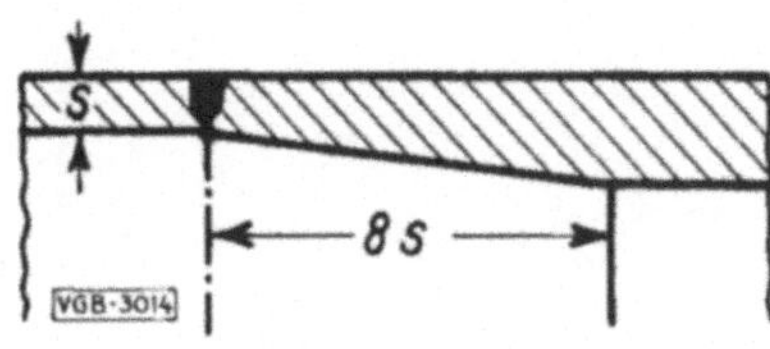

Abb. 6. Allmählicher Übergang vom verstärkten zum angeschweißten unverstärkten Schuß eines Hohlkörpers.

Ist ein Behälter oder ein Schuß bereits anderweitig wegen sonstiger Verschwächungen verstärkt worden, so kann die Verstärkung am Stutzenausschnitt entsprechend geringer bemessen werden. Die Blechdicke am Stutzenausschnitt soll aber auch in diesem Falle im allgemeinen möglichst doppelt so groß sein, wie sie sich bei einem ungeschwächten Behälter mit gleichem inneren Überdruck ergeben würde.

105   Durch den Schub der Rohrleitung ausgeübte Kräfte sind ebenfalls zu berücksichtigen.

106   Besondere Sorgfalt ist auf die Wahl des Herstellungsverfahrens zu legen. Hohlkörper mit genieteten Längsnähten sind in diesen Richtlinien nicht behandelt, da ihre Verwendung für Rohrleitungen mit vorliegenden Heißdampftemperaturen (s. Ziff. 1) nicht mehr empfohlen werden kann. Es kommen vielmehr wassergas- oder elektrisch geschweißte oder aus dem Block geschmiedete oder gewalzte Hohlkörper für größere Teile in Frage.

107   Nur erste erfahrene Firmen sollten mit der Herstellung solcher Hohlkörper beauftragt werden, bei denen Gewähr für Verwendung bester Baustoffe, Schweiß- und Prüfeinrichtungen und für beste Ausbildung und Zuverlässigkeit der ausführenden Schweißer und Prüfer gegeben ist.

Werke, welche geschweißte Hohlkörper nach den vorliegenden Richtlinien zu liefern haben, müssen vorher den Nachweis erbringen, daß sie in der Lage sind, einwandfreie Schweißarbeit auszuführen. Ist das Schweißverfahren bereits in anderem Zusammenhang geprüft worden, dann kann der Nachweis als erbracht gelten, wenn darüber Bescheinigung vorliegt.

Der Nachweis besteht in folgendem:

a) Der Besteller bzw. der von ihm beauftragte Sachverständige kann sich von der Beschaffenheit der Schweißvorrichtungen und Güteprüfeinrichtungen und dem Vorhandensein erfahrener und geprüfter Schweißer überzeugen.

b) Dem Besteller ist ein Prüfzeugnis einer öffentlichen, anerkannten Materialprüfungsanstalt über Werkstoffprüfungen an nach diesem Verfahren geschweißten Hohlkörpern oder

die behördliche Ausnahmebewilligung über die Zulassung des Schweißverfahrens vorzulegen.

Diese besonderen Werkstoffprüfungen sollen mindestens umfassen:

Zerreißversuche,

Kaltbiegeversuche (Din 1605),

Kerbschlagversuche,
mit Proben jeweils im Einlieferungszustand und im normalisierten Zustand aus dem vollen Blech und quer zur Schweißnaht.

Bei den Kerbschlagversuchen ist das Ergebnis in kleinerem und größerem Abstand von der Schweißnaht zu ermitteln und kurvenmäßig aufzutragen.

Brinellhärteprüfung am Schweißgut und in verschiedenen Abständen von diesem;

Dauerzugversuche mit wechselnder Last an größeren Probestücken mit betriebsmäßiger Oberfläche mit der Schweißnaht im Prüfquerschnitt und aus dem vollen Blech;

Röntgenuntersuchung der Schweißnaht und evtl. noch andere zerstörungsfreie, beispielsweise magnetische Verfahren;

Gefügeuntersuchung der Schweißnaht, der Übergangszone und der vollen Bleche;

Chemische Analysen aus dem vollen Blech und aus dem Schweißgut.

Bei den Festigkeitsuntersuchungen soll die Dicke der Schweißnaht gleich der des vollen Bleches sein. Der Probestab soll so geformt sein, daß der Bruch in der Schweiße erfolgt.

Erforderlichenfalls ist die Wärmeausdehnungszahl des Grundwerkstoffes und der Schweiße bei 20° und bei der Betriebstemperatur zu bestimmen.

Ergeben diese Versuche eine sehr weitgehende Übereinstimmung der mechanischen und technologischen Eigenschaften des Schweißgutes und des vollen Bleches, dann ist es zulässig, die Berechnungsfestigkeit des geschweißten Körpers im Verhältnis zu der des nahtlosen Körpers auf 0,9 festzusetzen. Dies setzt voraus, daß das Verhältnis der Festigkeit des Schweiß-Zerreißstabes zu der des Zerreißstabes aus dem vollen Blech höher liegt als 0,9, weil wegen der verschiedenen Einflüsse der Schweißnaht auf den ganzen Körper neben der geringeren Festigkeit der Schweiße auch noch andere Minderungen eintreten.

Wenn elektrisch geschweißte Querlaschen angewendet werden, kann bei vorsichtiger Bewertung von Laschenbreite, Laschen-

teilung, Laschenanordnung und unter vorsichtiger Einschätzung der Spannungshäufung am Laschenende und der Unstetigkeit des Kraftverlaufes im Laschenfeld ebenfalls mit einem Festigkeitsverhältnis bis zu 0,9 gerechnet werden, falls im übrigen die Schweißarbeit einwandfrei ist und von einer als zuverlässig bekannten Firma ausgeführt wird.

Sicherung durch Nietlaschen ist unzulässig.

108   Für Armaturen, Absperrvorrichtungen, T-Stücke und sonstige kleinere Rohrleitungsteile verwendet man geschmiedete Körper oder neuerdings in stärkerem Maße Hohlkörper aus Stahlguß.

Für die Lieferung solchen Stahlgusses, an den in bezug auf Werkstoffgüte und Dichtigkeit höchste Anforderungen zu stellen sind, kommen nur Gießereien in Betracht, die über genügende Erfahrungen verfügen und die bereit sind, nötigenfalls die in Ziff. 119 aufgeführten Abnahmeprüfungen durchführen zu lassen.

Die Anwendung von Elektrostahlguß ist zu empfehlen. In besonderen Fällen, für sehr hohe Temperaturen, verwendet man legierten Stahlguß oder Sonderstahlguß. Elektrostahlguß wird bei hohen Temperaturen erschmolzen. Es wird dadurch ein sehr feinverteiltes Gefüge und eine gute Dichtheit des Gusses erreicht. Die Zusammensetzung der Schmelze ist vom Lieferwerk beizubringen. Der Schwefel- und der Phosphorgehalt sollen nicht höher sein als je 0,03%, zusammen aber höchstens 0,05%, was insbesondere auch für gute Schweißbarkeit sehr wichtig ist (s. a. Ziff. 58).

Werkstoffeigenschaften und Abnahme

Prüfung der Bleche für geschweißte und genietete Hohlkörper

109   Die Körper sind aus Kesselblechen herzustellen und nach den „Richtlinien für Hochleistungsdampfkessel" der VGB zu prüfen. Hierüber ist Werksbescheinigung auszustellen. Bei Blechen für geschweißte Hohlkörper kommt die Kerbschlagprüfung in Fortfall. Die Stempel müssen an jedem eingebauten Blech auch im fertigen Hohlkörper noch lesbar sein.

Als Abschrecktemperatur für die Abschreckbiegeprobe kann die höchste Betriebstemperatur $+50°$ gewählt werden.

Prüfung der Hohlkörper

110   Hohlkörper mit überlappt wassergasgeschweißten Längsnähten: Für diese gelten die Bestimmungen der „Richt-

linien für Hochleistungsdampfkessel" der VGB über wassergas-
geschweißte Kesselschüsse und -Trommeln.

Der Glühzustand des Schusses ist durch Abstechen eines
etwa 50 mm breiten Proberinges an einem Ende des Schusses und
Entnahme zweier Probestäbe für Kerbschlagproben aus der un-
mittelbaren Nähe der Schweißnaht vom Sachverständigen zu prüfen.

Für die Prüfung der Kerbschlagproben gilt Ziff. 60.
Folgende Werte sollen erreicht werden (mkg/cm^2):

Festigkeits-Gruppe	Flußstahl geglüht	Alterungsgeringe Werkstoffe	
		geglüht	gealtert
I	10	12	9
II	8	10	8
III	6	9	7
IV	5	8	6

bei legierten Werkstoffen sind besondere Vereinbarungen zu treffen.

Zur Besichtigung der Schweißnähte sind die Behälter dem
Sachverständigen im unverputzten Zustande vorzulegen. Ein
Behämmern der Wandungen ist unzulässig. Zunder ist durch Ab-
strahlen zu entfernen.

Die Beseitigung oder Ausbesserung von Fehlern der fertig
geschweißten Hohlkörper darf nur im Einverständnis mit dem
Sachverständigen erfolgen.

111 Aus dem Vollen geschmiedete und gewalzte Hohlkörper. Diese sind nach den „Richtlinien für Hochleistungsdampfkessel" über geschmiedete Kesselschüsse vom Sachverständigen
abzunehmen. An einem Ende des Hohlkörpers ist ein Probering
abzustechen. Aus dem Ring sind herauszuarbeiten:

1 Querzugprobe (tangential),
1 Querbiegeprobe,
1 Querkerbschlagprobe.

Bei größeren Wanddicken können mehrere Proben, auf den
Querschnitt verteilt, angeordnet werden.

Bei Körpern kleiner Abmessungen (Armaturen, Formstücke)
kann auf Probestäbe oft verzichtet werden. Gegebenenfalls sind
jedoch hierüber Vereinbarungen zu treffen.

Sofern aus besonderen Gründen alterungsbeständiger Werkstoff verwendet wird, kommt dazu eine Queralterungsprobe nach

den „Richtlinien für die Anforderungen an Werkstoff und Bau von Hochleistungsdampfkesseln". Die Prüfung aller Proben erfolgt nach den oben erwähnten Bestimmungen. Anforderungen an die Kerbzähigkeit nach Ziff. 110.

Hohlkörper mit elektrischer Schmelzschweißung.

Probebleche

112   a) Auf einer der für das Werkstück bestimmten Blechtafeln sollen vier genügend große Probebleche angerissen sein, die übereinstimmend mit den Blechtafeln vom Sachverständigen anzustempeln sind. Nötigenfalls können diese vier Probebleche auch aus einem besonderen Blech aus der gleichen Schmelze entnommen werden. Die Entnahmestelle dieser Probebleche (Kopf- oder Fußende) ist aufzustempeln.

b) Die eben gebliebenen Probebleche sind an dem gerundeten Schuß paarweise an den beiden Enden einer Längsschweißnaht so anzubringen, daß ihre Walzrichtung möglichst die gleiche ist wie die des Werkstückes, und daß die Schweißnaht des Werkstückes in der Naht der Probebleche ihre Fortsetzung findet.

Die Schweißung der Probebleche hat in unmittelbarem Zusammenhang mit der Herstellung der letzten rd. 300 mm Längsschweißnaht an beiden Enden des Werkstückes zu erfolgen; dabei ist mindestens eines der beiden Probeblechpaare in Gegenwart des Sachverständigen zu schweißen. Die Fugenbreite dieser Naht muß die gleiche sein wie die der Trommel.

c) Werden an längsgeschweißten Werkstücken nach dem gleichen Verfahren auch Rundnähte ausgeführt, so ist eine besondere Prüfung der Rundnähte nicht erforderlich, vielmehr gilt das Ergebnis der Prüfung der im Abschn. 112a vorgesehenen Probebleche auch für diese Rundnähte.

d) Werden jedoch nur Rundnähte ausgeführt, oder werden bei längsgeschweißten Schüssen die Rundnähte nach einem anderen Verfahren geschweißt, so sind zwei Paare von Probeblechen aus je einer der mit der Rundnaht zu verbindenden Blechtafeln in Gegenwart des Sachverständigen unmittelbar im Anschluß an die Fertigstellung einer von diesem zu bestimmenden Rundnaht auf die gleiche Art und Weise zu schweißen.

Wärmebehandlung

113   Die geschweißten Schüsse oder Trommeln sind gemeinsam mit den Probeblechen sachgemäß so normalzuglühen und abzukühlen, daß Probebleche und Werkstück mit Sicherheit den gleichen Glühzustand aufweisen. Über das Ausglühen und Abkühlen ist in jedem Einzelfalle eine Werksbescheinigung beizubringen, aus der Glühtemperatur und -dauer sowie die Kennzeichnung des Abkühlungsvorganges zu ersehen sein müssen.

Besichtigung

114   Nach dem Glühen ist die innere und äußere Besichtigung des Werkstückes durch den Sachverständigen mit unverputzten, jedoch außen und innen sauber, aber ohne Verwendung von Schlagwerkzeugen von Zunder und Schlacken befreiten Schweißnähten auf Fehler im Blech (Walzschiefer, Schalen, Risse) und etwaige Mängel der Schweißnähte, vorzunehmen. Fehler an den fertiggeschweißten Schüssen oder Trommeln dürfen nur im Einverständnis mit dem Sachverständigen beseitigt oder ausgebessert werden.

Nach dem Glühen sind auf den Probeblechen nach Anweisung des Sachverständigen die Probestäbe anzureißen und einzeln vom Sachverständigen auf blanken Stellen anzustempeln. Nachträgliche Wärmebehandlung einzelner Proben ist nicht zulässig.

Blechprüfung

115   Aus je einem der Probebleche einer Schmelze ist außerhalb der Schweißnaht eine Querzugprobe herauszuarbeiten; auf die Entnahmemöglichkeit von zwei Ersatzproben ist hierbei Rücksicht zu nehmen. Diese Probe muß die Mindestzugfestigkeit der verwendeten Blechsorte erreichen. Versagt die Probe, so müssen beide Ersatzproben die Prüfung bestehen.

Prüfung der Schweißnaht

116   Aus einem der beiden zusammengeschweißten Probeblechpaare nach Ziff. 112, a sind herauszuarbeiten:

3 Zugproben,
3 Kaltbiegeproben,
3 Kerbschlagproben,
3 Proben zur Gefügeuntersuchung.

Diese vier verschiedenen Proben müssen senkrecht zur Schweißnaht und abwechselnd nebeneinander liegen und die Schweißnaht in der Mitte ihres Prüfquerschnittes enthalten. Bei den Zug-, Biege- und

Kerbschlagstäben sind die Schweißwülste mit spanabhebenden Werkzeugen auf Blechdicke herunterzuarbeiten.

a) **Zugversuch.** Die Probestäbe müssen so ausgebildet sein, daß der Bruch möglichst in der Schweißnaht erfolgt. Die 0,2%-Dehngrenze des Schweißgutes ist mit Dehnungsmessern festzustellen; die Bruchfestigkeit muß mindestens gleich der 0,95fachen Berechnungsfestigkeit der verwendeten Blechsorte sein.

b) **Biegeversuch.** Die Breite der Probestäbe soll etwa gleich der 1,5 fachen Blechdicke sein, mindestens jedoch 30 mm betragen. Die Kanten sind jedoch mit einem Halbmesser von etwa $^1/_{10}$ der Blechdicke abzurunden.

Beim Biegeversuch soll die Mitte der Schweiße über der Mitte des Biegedornes, die mit Meßmarken versehene Oberfläche des Stabes auf der dem Dorn abgewandten, auf Zug beanspruchten Seite liegen.

Bei einer Auflageentfernung von der fünffachen Blechdicke, einem Auflagerollendurchmesser von mindestens gleich der Blechdicke und einem Durchmesser des Biegedornes gleich der doppelten Blechdicke (über 47 kg/mm² der dreifachen) muß sich jeder Probestab kalt um einen Winkel von 180° biegen lassen, ohne Anrisse zu zeigen.

Die beim Biegeversuch erzielte Dehnung der äußeren Faser ist anzugeben.

c) **Kerbschlagversuch.** Als Probestäbe kommen die Proben nach Ziff. 60 zur Anwendung. Die Schweißnaht muß im Schlagquerschnitt liegen, der Kerb in Richtung der Schweißnaht gebohrt sein. An den Probestäben ist diejenige Blechoberfläche, die die größte Breite der Schweiße enthält, unbearbeitet zu lassen; die Walzhaut soll erhalten bleiben, nur der Schweißwulst ist zu entfernen. Der Kerb ist dieser Oberfläche gegenüberliegend, immer jedoch so anzuordnen, daß der Bruchquerschnitt ganz in der Schweiße liegt, und daß zu beiden Seiten der Bruchfläche möglichst viel Schweiße vorhanden ist.

Jeder Probestab muß bei den Blechsorten I und II eine Kerbzähigkeit von mindestens 10 bzw. 12 mkg/cm² aufweisen. Die Versuchstemperatur muß zwischen 15 und 20° C liegen.

d) Sofern von den drei zu einem Versuche gehörenden Probestäben einer nicht das in Ziff. 116, a—c geforderte Ergebnis

hat, sind als Ersatz für einen derartigen Fehlversuch aus dem zweiten Probeblechpaare in gleicher Weise zwei gleichartige Probestäbe zu entnehmen und zu prüfen, die beide der gestellten Anforderung genügen müssen, anderenfalls ist das in Frage kommende Schweißstück zu verwerfen. Falls von den drei Versuchsstäben zwei oder drei den gestellten Anforderungen nicht genügen, sind Ersatzversuche unzulässig; das Schweißstück ist zu verwerfen.

e) **Gefügeuntersuchung.** Das Gefüge ist in der Schweiße, in den Übergangszonen und im Grundwerkstoff zu prüfen und durch photographische Aufnahmen dieser drei Stellen an mindestens einer der drei Proben festzulegen.

f) **Ergänzungsversuche.** In besonders begründeten Fällen kann der Sachverständige zusätzlich weitere Prüfungen vornehmen, wie z. B. Röntgenuntersuchungen, magnetische Prüfungen usw.

117   Alle geschweißten, geschmiedeten und gewalzten Hohlkörper sind oberhalb des oberen Umwandlungspunktes des Baustoffes zu glühen und einwandfrei abzukühlen. Die Proben müssen in genau der gleichen Weise behandelt werden wie die Körper. Das Glühen soll nach dem Herausbördeln der Stutzenausschnitte erfolgen. Bei Nietböden erfolgt es vor dem Ausdrehen, andernfalls nach dem Kümpeln oder nach dem Anschweißen der Böden und nach dem etwaigen Aufschweißen von Laschen. Für die Ausführung des Glühens gilt Ziff. 29 bis 32.

Wasserdruckversuch

118   Der Wasserdruckversuch ist eine reine Dichtheitsprüfung des fertigen geschweißten, geschmiedeten oder gewalzten Hohlkörpers. Sämtliche Stutzen und Anschlüsse müssen vorher angebracht sein. Die Luft muß aus dem Behälter und den Anschlüssen möglichst völlig entweichen. Die Wassertemperatur soll 20 bis 40° betragen. Die Höhe des Wasserdruckes ist gleich dem eineinhalbfachen Betriebsdruck, die Versuchsdauer mindestens eine Stunde. Bei Behältern mit Nietungen, welche aber vermieden werden sollen, erfolgt der Wasserdruckversuch vor dem Verstemmen. Stark undichte Niete sind auszuwechseln. Im Anschluß an den Wasserdruckversuch ist der Behälter außen und nach Möglichkeit innen genau zu besichtigen, insbesondere an allen Schweißungen und an den Kümpelungen und Stutzen.

119   Hohlkörper aus Stahlguß.

Falls für die unter Ziff 101 genannten Hohlkörper oder wesentliche Teile derselben Stahlguß Verwendung finden sollte, wird dieser nach den „Richtlinien für Hochleistungsdampfkessel", Abschnitt IV, Stahlguß, abgenommen, soweit nicht hier etwas anderes bestimmt ist. Als Stahlguß kommt nur solcher bester Güte nach DIN 1681 Sondergüte mit folgenden Eigenschaften[49]) oder legierter Stahlguß in Frage, dessen Anforderungen zu vereinbaren sind (s. a. Ziff. 58):

Marken-bezeichnung	Gewährleistete Eigenschaften			
	Streckgrenze kg/mm^2 mindestens	Zugfestig-keit kg/mm^2 mindestens	Bruch-dehnung δ_5 mindestens %	Kerb-zähigkeit mkg/cm^2 mindestens
Stg. 38.81 S	18	38	25	6
Stg. 45.81 S	22	45	22	4
Stg. 52.81 S	25	52	16	zu vereinb.

Die Proben müssen unmittelbar am Gußstück, am besten an seinen Flanschen, in ihrer ganzen Länge mit möglichst großem Querschnitt angegossen werden.

Auf Verlangen des Bestellers müssen die Ergebnisse der mit der Stahlguß-Sorte durchgeführten Dauerstandsversuche vorgelegt werden.

Alle Stahlguß-Stücke müssen vor ihrer Weiterverarbeitung sorgfältig im Ofen geglüht werden. Hierfür gelten die Bestimmungen unter Ziff. 29—32.

Die Stücke sind innen auszustrahlen, um allen Formsand mit Sicherheit zu entfernen und eine sorgfältige Besichtigung und Nachprüfung auf Maßhaltigkeit zu ermöglichen.

Zur Prüfung der Poren- und Lunkerfreiheit kann das Zerschneiden von Stücken aus der Lieferung bei der Bestellung vereinbart werden.

---

[49]) Körber und Pomp: Mechanische Eigenschaften von Stahlguß bei erhöhten Temperaturen. Mitt. Kais.-Wilh.-Inst. Eisenforschg., Düsseld., Bd. X, Abh. 102, S. 91.

Körber und Pomp: Mechanische Eigenschaften von niedrig legiertem Stahlguß bei erhöhten Temperaturen. Mitt. Kais.-Wilh.-Inst. Eisenforschg., Düsseld., Bd. XIII, Abh. 190, S. 223.

Piwowarski, Gießerei 1930, S. 329. Thum, Gießerei 1930, S. 333.

Die Dichtheit der Stahlgußstücke muß sorgfältig bei der Abnahme geprüft werden. Hierzu empfiehlt sich das Abdrücken mit Petroleum bei doppeltem Betriebsdruck und mit 24 bis 48 h Dauer. In einigen Fällen wurde diese Prüfung nach einer Woche wiederholt; sie muß bei der Bestellung vereinbart werden.

Die Dichtheitsprüfung kann auch in der Weise durchgeführt werden, daß das Stahlgußstück außen mit einem Anstrich des Abseifmittels Nekal[50]) (5—10%ige Lösung in warmem Wasser) versehen und dann mit Druckluft abgepreßt wird, wobei sich undichte Stellen durch auffällige Schaum- und Blasenbildung bemerkbar machen. Bearbeitete Stellen sollten nachher gut abgespült und getrocknet werden.

Wird die Druckprobe mit Wasser vorgenommen, so empfiehlt sich die Zugabe von Ammoniak in das Wasser und das Umfahren des Stückes mit einem in Salzsäure getränkten Wattebausch, wobei Undichtheiten sich durch einen weißen Nebel (Ammoniumchlorid) anzeigen.

Die Dichtheitsprüfung des Stahlgusses bei höherer Temperatur erfolgt mittels Heißdampfes von möglichst Betriebsdruck und -temperatur; sie muß bei der Bestellung vereinbart werden.

Kommt Dichtschweißung in Frage, so ist bei Bestellung die Forderung der Schweißbarkeit besonders anzugeben. (Dichtschweißung eingeschraubter Teile, Auftragsschweißung von verschleißfestem Werkstoff bei Ventilsitzen, nicht aber Verschweißung von Fehlern.)

Geschmiedete Formstücke.

120   An einem der aus dem Vollmaterial einer Schmelze hergestellten, fertig geglühten Formstücke ist so viel Werkstoff zuzugeben, daß je eine Zug-, Kaltbiege- und Kerbschlagprobe sowie je eine Ersatzprobe herausgearbeitet werden kann. Die Proben sind möglichst so zu legen, daß ihre Fasern zur Prüfungsbeanspruchung in gleicher Richtung liegen, wie die Fasern in dem hauptsächlich beanspruchten Teil des Formstückes zu seiner Beanspruchungsrichtung verlaufen. Die Zug- und Kaltbiegeproben sollen möglichst groß sein, zum Kerbschlagversuch sind kleine DVM-Proben zu verwenden. Die Prüfung soll aus wirtschaftlichen Gründen vor der Bearbeitung des Schmiedestückes erfolgen.

Für die Anforderungen gelten die Werte in Ziff. 58 bis 60. Erfüllt eine der Proben die Anforderungen nicht, so ist eine Ersatzprobe zu prüfen; versagt auch diese, so ist das Stück zu verwerfen.

[50]) Zu beziehen als „Nekal BX, trocken" von der J. G. Farbenindustrie A. G., Verkauf Chemikalien, Frankfurt a. M.

Herstellung der Hohlkörper

Nietungen an Hohlkörpern.

121 Sollten ausnahmsweise, was aber für Heißdampfrohrleitungen nicht zu empfehlen ist, Böden von Hohlkörpern eingenietet oder Stutzen und Verstärkungsbleche angenietet werden, so ist bei der Herstellung folgendes zu beachten:

a) Die Stemmkanten sind mit spanabhebenden Werkzeugen abzuarbeiten.

b) Die einzusetzenden Böden sind abzudrehen und müssen genau passen. Die Passung ist mit der Zehntellehre nachzuprüfen. Es soll nicht mehr als 0,2—0,3 mm Spiel zwischen den Blechen vorhanden sein.

c) Es darf keinerlei Hämmern oder sonstige Bearbeitung in der Blauwärme stattfinden. Anrichten von Stutzen auf den Mänteln oder Böden ist unzulässig. Stutzen müssen auf Schablonen grob vorgepaßt und dann auf der endgültigen Sitzstelle durch spanabhebende Werkzeuge (Schleifen) sauber nachgepaßt werden.

d) Nietauflageflächen sind gründlich mit der Schmirgelscheibe zu entzundern.

e) Die Verwendung von kegeligen Dornen an Nietlöchern ist nicht zulässig. Nietlöcher sind durch die aufeinanderliegenden Teile gemeinsam zu bohren, sauber aufzureiben und die Lochränder gut abzurunden (nicht nur zu versenken).

f) Die zu nietenden Bleche sind gut mit Heftschrauben zu heften. Die Nietmaschine muß Meßgeräte für Nietdruck und Nietzeit besitzen. Die Niete sind gut zu entzundern und bei richtiger Temperatur zu schlagen. Der Nietdruck soll nicht mehr als 8 t/cm^2 betragen, geringere Drücke sind anzustreben (6—7 t/cm^2).

g) Zur Prüfung der fertigen Nietung dient:

Untersuchung auf Eindrücke und auffällige Fließfiguren (Schlämmkreide-Anstrich),

auf zentrischen Sitz der Nietköpfe (höchste Abweichung 2 mm),

auf Nietdruck und Nietzeit (Schreibstreifen), Wasserdruckprobe im unverstemmten Zustand.

Geschweißte, geschmiedete und gewalzte Hohlkörper

122 Das Innere geschweißter, geschmiedeter und gewalzter Hohlkörper mit gekümpelten Böden ist auf Falten, Furchen und Risse genau zu untersuchen. In den Kümpelungen können unter Falten oder Furchen tiefergehende Risse vorhanden sein. Diese sind auszukreuzen. Verschweißen ist nur im Einvernehmen mit dem Sachverständigen gestattet. Zugekümpelte Stirnseiten sollen nicht verschweißt, sondern mit eingeschraubten Stopfen, die innen und außen dicht zu schweißen sind, verschlossen werden (Abb. 7).

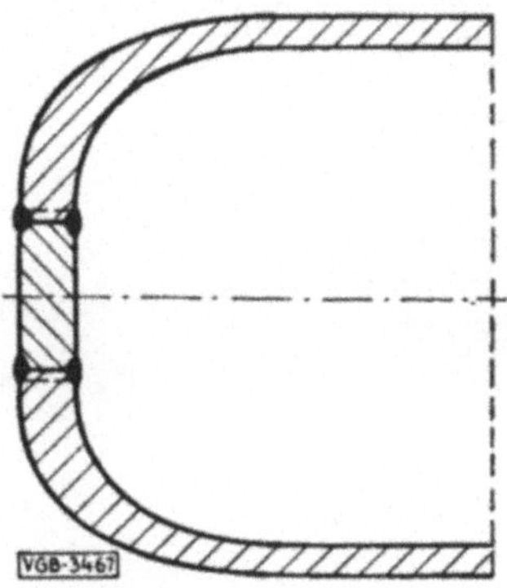

Abb. 7. Angekümpelter Boden eines geschmiedeten Dampfverteilers. Stopfen eingeschraubt und elektrisch innen und außen dicht geschweißt.

123 Für die Anbringung genieteter Stutzen gilt das in Ziff. 121 Gesagte. Annietstutzen sollen jedoch vermieden und an ihrer Stelle

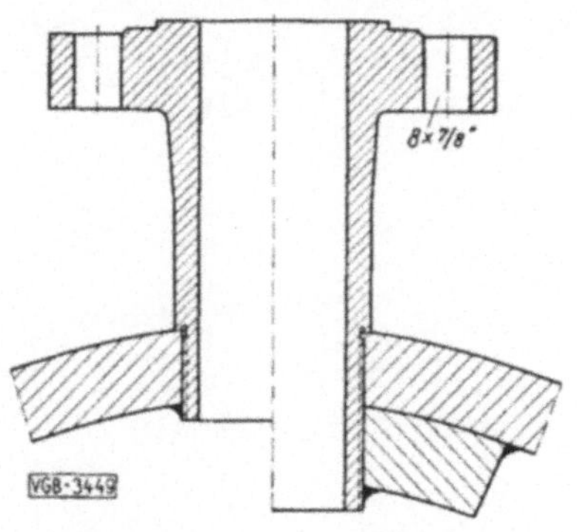

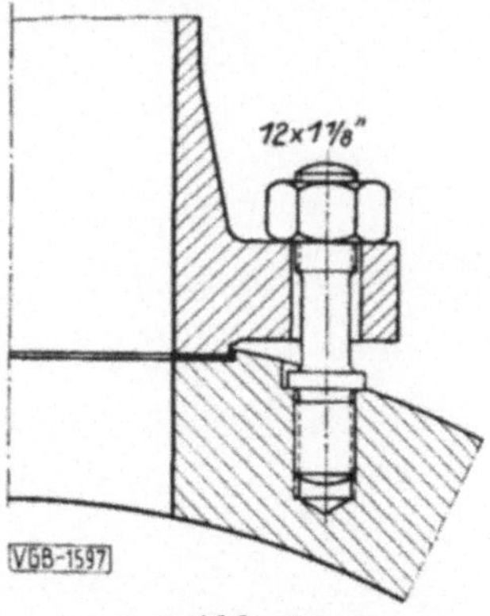

Abb. 8.
Gewindestutzen mit und ohne Verstärkung der Behälterwand. Stutzengewinde abgesetzt, Auflagefläche auf dem Behälter abgedreht, so daß der Stutzen ringsherum kraftschlüssig aufsitzt (für NW 80 u. ND 100).

Abb. 9.
Angeflanschter Stutzen, Bolzen mit aufsitzendem Bund, Schaft schwächer; größte Biegungsbeanspruchung oberhalb des Bundes, nicht am gekerbten Gewindeauslauf (für NW 150 u. ND 100)

angeschweißte verwendet werden. Bei größeren Wanddicken und für höhere Drücke bis zu Temperaturen von etwa 430° können Stutzen bis NW 80 durch Gewinde befestigt und elektrisch dichtgeschweißt werden. Erforderlichenfalls sind im Innern sauber angepaßte Verstärkungsbleche anzuschweißen. Vor der Ausführung solcher Schweißungen ist das Stahlwerk zu befragen, welches der Einfluß der Schweißtemperatur auf den Werkstoff des Hohlkörpers ist. Wenn möglich, ist das Glühen des Körpers erst nach Anbringung dieser Schweißen auszuführen. Eine Kraftübertragung in erheblichem Umfange durch solche Dichtschweißen darf nicht stattfinden (Abb. 8).

Stutzengewinde müssen sauber geschnitten und am Übergang zum Rohr abgesetzt sein. Die Stutzen müssen sich fest passend eindrehen lassen und sollen mit einer Schulter auf angedrehten Flächen ringsherum fest aufsitzen. Bei sehr großen Wanddicken und hohen Temperaturen werden Rohre durch Stiftschrauben unmittelbar angeflanscht, die Dichtfläche wird hierbei am Behälter angefräst (Abb. 9). Gewindestutzen haben sich bei sehr hohen Temperaturen ebenso wie die Gewindeflansche wegen der auftretenden Temperaturunterschiede nicht bewährt.

Bei der Durchführung von Heißdampfleitungen durch dickwandige Kesseltrommeln (Heißdampfregler) soll die Verbindung mit der Trommelwand so gestaltet werden, daß zusätzliche Wärmespannungen in der Trommelwand vermieden werden. Zu diesem Zweck müssen die Heißdampf führenden Teile möglichst kleine Berührungsflächen mit der Trommelwand und einen genügenden Abstand von ihr haben. Die Verbindung soll außerdem so ausgebildet werden, daß sich die heißeren Teile ungehindert ausdehnen können (s. z. B. Abb. 10).

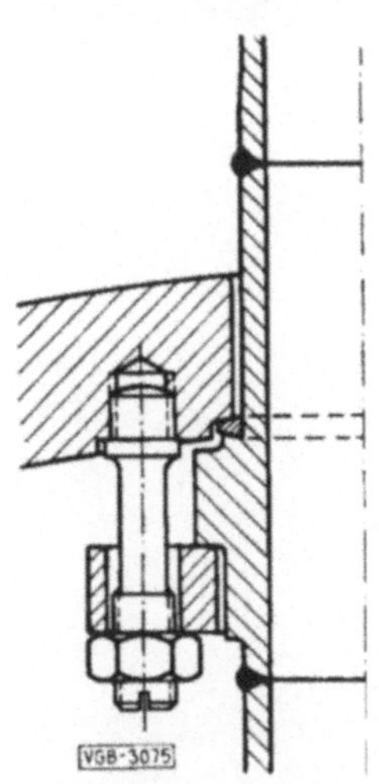

Abb. 10.
Beispiel für die Durchführung einer Heißdampfleitung durch eine Trommelwand.

124 Bei Mannlöchern und Deckelverschlüssen müssen die Dichtungsflächen glatt bearbeitet sein und dürfen keinerlei Riefen zeigen. Dichtungsflächen sollen gleichmäßig breit sein und vom Sitz gleichmäßig breit überdeckt werden. Deckelbunde sollen im Deckelloch nicht mehr als 1 mm im Durchmesser Spiel haben. Die Dichtung muß gegen Herausdrücken gesichert liegen.

125   Hohlkörper aus Stahlguß oder Formstücke sind nach dem Bearbeiten und Bohren der Löcher genauestens auf Lunker, Einschlüsse und Risse zu untersuchen. Das Dichthalten von Absperrvorrichtungen wird mit Heißdampf von Betriebsdruck und -temperatur geprüft.

Geschmiedete Formstücke

126   Das Ausschmieden solcher Stücke soll so erfolgen, daß der Faserverlauf der endgültigen Form möglichst weitgehend entspricht.

127   Abb. 11 zeigt ein geschmiedetes T-Stück. Die Flansche sind hier fortgelassen worden, die Rohre wurden durch Gewinde mit elektrischer Dichtschweißung befestigt (Temperatur unter 430°).

Bei Anwendung von gut abgerundeten Formstücken aus hochwertigem Stahlguß mit Flanschen kann auf solche Schmiedestücke verzichtet werden.

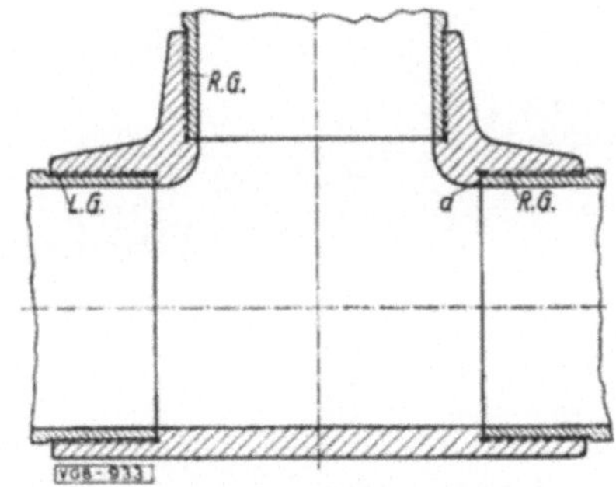

Abb. 11. Geschmiedetes T-Stück, Gewinde abgesetzt, Rohr sitzt bei a kraftschlüssig auf.

In geeigneten Fällen kann das abzweigende Rohr angeschweißt werden (s. Ziff. 3 u. 75).

128   Das unmittelbare Eindrehen von Rohren in Gewinde kann nur bei Temperaturen unter 430° bei Anschlüssen an Armaturen, Absperrvorrichtungen usw. angewandt werden. Die hier unvermeidliche Kragenschweißung ist mit Vorsicht auszuführen. Die Gewinde müssen sauber geschnitten sein und gut passen. Beim Einschrauben darf das Rohr nicht mit seinem auslaufenden Gewindegang in das Muttergewinde des Formstückes hineingewürgt werden; vielmehr muß das Rohr entweder mit seiner Stirnfläche oder mit einer angedrehten Schulter am abgesetzten anderen Gewindeende auf entsprechenden bearbeiteten Flächen des Formstückes aufsitzen (vgl. Abb. 8 u. 11).

Zusammenbau und Wärmeschutz

129   Vor dem Versand sind alle blanken Teile mit Rostschutzfarbe zu streichen. Am Rohr befestigte Flansche sind mit Holzdeckeln zu verschließen. An der Montagestelle sind die Teile planmäßig und

geschützt so zu lagern, daß möglichst geringe Transportwege nötig werden und Schutz gegen Beschädigungen und Rost vorhanden ist. Eine sorgfältige Prüfung aller Rohrleitungsteile soll hierbei erfolgen.

Schieber und Armaturen lagert man in geschlossenen Räumen. Alle Flansche sollen mit Holzdeckeln verschlossen sein. Die in Ziff. 50 für die Flansche angegebene Ausführung wird nachgeprüft.

130   Auf der Baustelle dürfen Nacharbeiten mit dem Schweißbrenner, Nachbiegen von Rohren usw. nur im Einverständnis von Bauleitung und Lieferfirma vorgenommen werden und wenn Gewähr für sachgemäße Arbeit ohne Schädigung der Werkstoffe gegeben ist. Es ist in jedem Falle zu entscheiden, ob ein nachträgliches Ausglühen erforderlich ist.

131   Auf Fernhaltung von Fremdkörpern ist beim Zusammenbau besonders zu achten. Sand und Hammerschlag ist durch kräftiges Ausblasen mit Dampf gründlich zu beseitigen, da durch diese Fremdstoffe Kraftmaschinenschäden verursacht werden.

132   Der Lieferer hat rechtzeitig der Bauleitung genaue und verbindliche Pläne einzureichen, in denen alle für die Rohrleitungsanlage erforderlichen Wanddurchbrüche, Fundamente und sonstigen Bauarbeiten eingetragen sind.

133   Der Lieferer hat der Betriebsleitung rechtzeitig Pläne der Rohrleitungsanlage einzureichen, in welchen verbindliche Angaben über die beim Zusammenbau einzustellende Vorspannung aller Ausdehnungs- und Ausgleichstücke enthalten sind. Beim Zusammenbau ist zu prüfen, ob diese Maße eingehalten werden. Die Montageleitung ist außerdem zu beauftragen, der Betriebsleitung unaufgefordert die vorgesehene Vorspannung nachzuweisen.

134   Festpunkte sind so anzuordnen, daß möglichst geringe Gesamtbeanspruchungen entstehen. Beim Entwurf sind demnach für verschiedene angenommene Lagen der Festpunkte alle in den drei Achsen auftretenden Kräfte zu errechnen, und es ist der günstigste Punkt zu wählen.

Der Festpunkt soll das Rohr nur in der Längsachse festhalten. Die Halterung ist so auszubilden, daß Drehbewegungen ohne weiteres ausgeführt werden können. In vielen Fällen wird der Festpunkt auf der Strecke zwischen Krümmern, möglichst weit von diesen entfernt, günstig sein. Die Lasten der Armaturen und Formstücke sollen von besonderen Auflagern oder Aufhängungen getragen werden.

135   Es empfiehlt sich, die notwendigen Bogen in den Rohrleitungen weitgehend zum Längenausgleich auszunutzen. Vielfach wird die Ausführung der Rohrbogen in Faltenrohr- oder Wellrohrform angewandt. Insbesondere sind die Anschlüsse an Kessel und Turbinen in dieser Weise auszuführen. Besondere Dehnungsstücke können in solchen Fällen oft erspart werden.

136   Rohraufhängungen sind zweckmäßiger als Auflagerungen. Die Lager können durch Rost und Schmutz ihre Beweglichkeit verlieren. Außerdem sind die Wärmeverluste an Auflagerungen größer. Aufhängungen können mit geringsten Wärmeverlusten ausgeführt werden, wenn die Schellen genügend vom Rohr isoliert sind und sich auf eingelegte Wärmeschutzsteine mit hoher Druckfestigkeit (etwa $100-150$ kg/cm^2) lagern. Die freie Beweglichkeit der Aufhängung ist günstig. Die Auflager der Rohrleitung müssen so nahe beieinander liegen, daß Durchhängen vermieden wird. Die Rohrleitung muß überall Gefälle haben.

137   Auf sorgfältiges Anrichten der Flansche beim Zusammenbau ist besonders zu achten. Hinsichtlich der Planparallelität der Flansche ist auf die Vorspannung in der Leitung Rücksicht zu nehmen. Die Schrauben sind gut, aber nicht übertrieben stark anzuziehen (paarweise gegenüberliegende Muttern stufenweise reihum). Beim Anziehen der Schrauben aus hochwertigen Sonderstählen mißt man die Verlängerung des Bolzens mit Meßuhren oder Dehnungsmessern und begrenzt dabei die Verlängerung auf ein Maß, das einer Beanspruchung unterhalb der Elastizitätsgrenze entspricht bzw. auf ein vom Konstrukteur festgelegtes Maß. Zur Schonung der hochwertigen Schrauben empfiehlt es sich, bei der Montage besondere Schrauben zu verwenden und diese nach erfolgtem Zusammenbau gegen die endgültigen auszuwechseln; es muß aber mit Sicherheit verhindert werden, daß keine Montageschrauben in der Rohrleitung verbleiben.

Bei sehr hohen Temperaturen ist das Nachziehen in der Wärme zu unterlassen, auch wenn gelegentlich bei plötzlicher Abkühlung oder Wassermitreißen ein Flansch leckt. Beim Nachziehen in der Wärme kann sich der Schraubenbolzen längen, ohne daß die Verbindung dichter wird. Beim ersten Zusammenbau werden die Gewinde mit trockenem Graphit eingerieben, um Festbrennen zu vermeiden. Festgebrannte Muttern kann man in kaltem Zustande mit Petroleum oder mit Methylanon[51]) lösen (s. a. Ziff. 95). Beim

---

[51]) Lieferer J. G. Farbenindustrie A. G., Verkauf Chemikalien, Frankfurt a. M.

Anziehen von Muttern auf Sonderstahl-Schrauben dürfen keine Hämmer verwendet werden. Solche Stähle können anlaßspröde sein und brechen bei schlagartiger Beanspruchung.

138   Sorgfältiger Wärmeschutz ist nicht nur aus wirtschaftlichen, sondern auch aus sicherheitstechnischen Gründen erforderlich, da bei guter Isolierung die Temperaturunterschiede in der Anlage geringer werden und die Beanspruchungen sich vermindern.

Man verwendet:

Für die Berechnung der Isolierung: Normtafeln für Wärme- und Kälteschutzanlagen.

Für die Bestellung: Lieferbedingungen für Wärme- und Kälteschutzanlagen.

Einheits-Angebotsvordruck für Wärmeschutzanlagen.

Für die Prüfung: Regeln für Leistungsversuche an Wärme- und Kälteschutzanlagen.

(Sämtlich im VDI-Verlag).

139   Besonders notwendig ist sorgfältiger Wärmeschutz der Flansche, weil die Beanspruchung der Schraubenbolzen mit dem Temperaturunterschied zwischen Rohr und Schraube steigt und insbesondere beim Anwärmen erhebliche Werte annehmen kann. Um solche Beanspruchungen von Anfang an zu vermeiden, sollte die Isolierung der Flansche vor dem ersten Anfahren, mindestens behelfsmäßig, angebracht werden. Da der Wärmeschutz der Flansche nicht immer einwandfrei gelöst wird, empfiehlt es sich auch aus diesem Grunde, Flansche zu vermeiden und sie so weit wie möglich durch Schweißverbindungen zu ersetzen.

VEREINIGUNG DER GROSSKESSELBESITZER
Werkstoff-Ausschuß

Anhang 1

Beispiel einer Flanschberechnung[1])
(Loser Flansch)

Im folgenden soll der Gang der Rechnung an Hand eines Beispiels für eine Verbindung mit losem Flansch gemäß Abb. näher erläutert werden (s. Ziff. 39—44).

Lichte Weite der Rohrleitung . . $d = 200$ mm
Dampfdruck . . . . $p = 100$ kg/cm²
Dampftemperatur . . . . $t = 450°$.

Berechnung der Schrauben

Es sind 12 Schrauben aus einem Werkstoff von 60 kg/mm² Festigkeit vorgesehen, der folgende Werte für die Streckgrenze $\sigma_{0,2}$ bzw. Dauerstandstreckgrenze $\sigma_{0,2_D}$ aufweist:

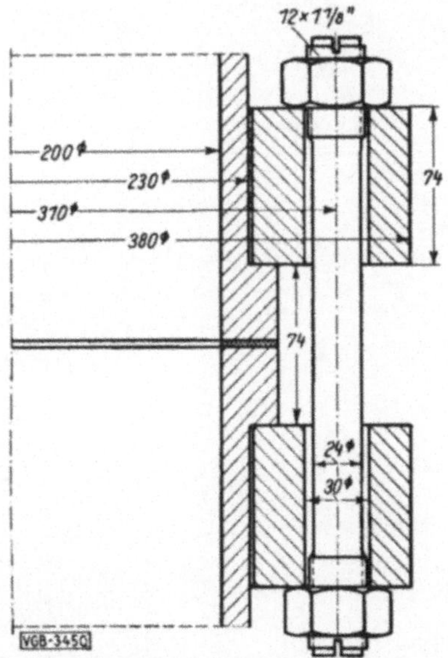

bei 20° $\sigma_{0,2}$ $= 40$ kg/mm²

„ 350° $\sigma_{0,2_D} = 21$ „

„ 400° $\sigma_{0,2_D} = 18$ „

„ 450° $\sigma_{0,2_D} = 15$ „

Die Schraubentemperatur möge während des Anheizens um höchstens 100° und nach Beendigung des Anheizens um höchstens 50° unter der Dampftemperatur liegen.

Die durch den Dampfdruck p hervorgerufene Kraftwirkung beträgt

Abmessungen der Verbindung für das Rechnungsbeispiel.

[1]) Das Rechnungsbeispiel verfaßte Herr Prof. Dr. E. Siebel.

$$P_d = \frac{\pi d^2}{4} \cdot p = \frac{\pi \cdot 20^2}{4} \cdot 100 = 31\,400 \text{ kg.}$$

Die Schrauben sollen bei Betriebstemperatur (400°) das Dreifache dieser Kraft aufnehmen, ohne daß die Dauerstandstreckgrenze des Werkstoffs überschritten wird. Man findet damit für den erforderlichen Schaftdurchmesser d_s der Schrauben die Beziehung

$$3 \cdot P_d = 12 \cdot \frac{\pi d_s^2}{4} \cdot \sigma_{0,2_D}$$

$$94\,200 = 12 \cdot \frac{\pi d_s^2}{4} \cdot 18$$

$$d_s = \sqrt{\frac{94\,200 \cdot 4}{12 \cdot \pi \cdot 18}} = 23,5 \text{ mm.}$$

Es sind also Schrauben von $1\frac{1}{8}''$ Durchmesser erforderlich, deren Schaft auf 23,5 mm Durchmesser, entsprechend einem Querschnitt $f = 435 \text{ mm}^2$, abzudrehen ist.

Berechnung der Flansche

Die Abmessungen der Ringflansche für ND 160 (H = 100) seien wie folgt festgelegt:

äußerer Durchmesser . . . . D_a = 380 mm	}	noch
innerer Durchmesser . . . . D_i = 230 mm		nicht
Lochkreis-Durchmesser . . . . . . D_s = 310 mm		genormt
Bund-Durchmesser . . . . D_b = 255 mm	}	

Schraubenloch-Durchmesser . . . . d_l = 30 mm

Hebelarm der angreifenden Kräfte. . $c = \dfrac{D_s - D_b}{2} = 28 \text{ mm.}$

Als Werkstoff diene ein St. 50.11 mit folgenden Werten für die Streckgrenze bzw. die Dauerstandstreckgrenze

$$\text{bei} \quad 20° \quad \sigma_{0,2} \quad = 25 \text{ kg/mm}^2$$
$$,, \quad 400° \quad \sigma_{0,2_D} = 12 \quad ,,$$
$$,, \quad 450° \quad \sigma_{0,2_D} = 9 \quad ,,$$

Die Flanschtemperatur liege während des Anheizens um höchstens 50° und nach Beendigung des Anheizens um höchstens 25° unter der Dampftemperatur.

Für die Berechnung der Flanschdicke bzw. des erforderlichen Trägheitsmomentes empfiehlt es sich, folgende Näherungsgleichung[1) zu benutzen:

$$\sigma_b = \frac{P_s}{2\pi} \cdot \frac{c}{W_x}$$

Darin ist:

σ_b = Biegespannung im Flansch

P_s = Schraubenkraft

c = wirksamer Hebelarm des Kraftangriffs

$$W_x = \frac{b^2}{6} \cdot \frac{D_a - D_i - 2\,d_l}{2} = \text{Widerstandsmoment des Flanschquerschnittes}$$

b = Flanschdicke

D_a und D_i = Flanschdurchmesser

d_l = Schraubenlochdurchmesser

Obige Gleichung lautet nach entsprechender Umformung:

$$\frac{b^2}{6} \cdot \frac{D_a - D_i - 2\,d_l}{2} = \frac{P_s}{2\,\pi} \cdot \frac{c}{\sigma_{0,2}}$$

Für P_s ist dabei die Kraft einzusetzen, welche bei der betreffenden Temperatur an den Schrauben bei einer Beanspruchung bis zur Streckgrenze übertragen werden kann.

Bei 20° ergibt sich die Schraubenkraft nach Ziffer 45 bei einer Streckgrenze des Schraubenwerkstoffes $\sigma_{0,2} = 40\ \text{kg/mm}^2$ und Z Schrauben:

$$P_{s\,20°} = Z \cdot \frac{\pi \cdot d_s^{\,2}}{4} \cdot \sigma_{0,2} = 12 \cdot 435 \cdot 40 = 210\,000\ \text{kg}.$$

Bei einer Streckgrenze des Flanschwerkstoffs $\sigma_{0,2} = 25\ \text{kg/mm}^2$ erhält man alsdann das notwendige Widerstandsmoment bzw. die Dicke des Flansches

---

[1) Über die Berechtigung der Anwendung dieser Näherungsgleichung, bzw. über die mögliche Abweichung von der genauen Rechnung siehe Siebel: „Untersuchungen an Dichtungen und Flanschen", Mitt. VGB 1935, H. 53, S. 122, zu beziehen durch Julius Springer, Berlin.

$$W_x = \frac{210\,000 \cdot 28}{2\,\pi \cdot 25} = 37\,500\ \text{mm}^3$$

$$b = \sqrt{\frac{12 \cdot W_x}{D_a - D_i - 2\,d_l}} = \sqrt{\frac{12 \cdot 37\,500}{380 - 230 - 60}} = 71\ \text{mm}.$$

Eine besondere Gefährdung des Flansches entsteht während der Anheizzeit, wenn der größte Temperaturunterschied zwischen Flansch und Schrauben auftritt, da die Streckgrenze des Schraubenwerkstoffs alsdann gegenüber der Streckgrenze des Flanschwerkstoffs erhöht ist. Es empfiehlt sich daher nachzuprüfen, ob der Flansch auch für diesen Fall genügend stark bemessen ist, so daß keine Durchbiegung des Flansches zu befürchten steht. Die ungünstigsten Verhältnisse dürften vorliegen, wenn die Flansche bereits eine Temperatur von 400° erreicht haben, während die Schraubentemperatur erst 350° beträgt. In diesem Falle steht bei einer Dauerstandstreckgrenze des Schraubenwerkstoffs bei 350° von 21 kg/mm² zu erwarten, daß sich eine Schraubenkraft einzustellen vermag

$$P_{s_{350°}} = Z \cdot \frac{\pi\ d_s^2}{4} \cdot \sigma_{0,2_D} = 12 \cdot 435 \cdot 21 = 110\,000\ \text{kg}.$$

Bei einer Dauerstandstreckgrenze des Flanschwerkstoffs bei 400° von 12 kg/mm² ergibt sich alsdann das notwendige Widerstandsmoment des Flanschquerschnitts bzw. die Flanschdicke zu

$$W_x = \frac{110\,000 \cdot 28}{2\,\pi \cdot 12} = 41\,000\ \text{mm}^3$$

$$b = \sqrt{\frac{12 \cdot W_x}{D_a - D_i - 2\,d_l}} = \sqrt{\frac{12 \cdot 41\,000}{380 - 230 - 60}} = 74\ \text{mm}.$$

Wird die Flanschdicke zu 74 mm gewählt, so ist eine unzulässige Verformung des Flansches auch während des Anheizens verhindert. Dies dürfte auch dann gewährleistet sein, wenn die Schraubenkräfte vorübergehend über den Wert von 110 000 kg ansteigen, da der Flansch ja mit einer großen zusätzlichen Sicherheit gegen die Erreichung des vollplastischen Zustandes mit größeren bleibenden Formänderungen bemessen ist.

Berücksichtigung der Flanschreibung

Es sei im folgenden auch nachgeprüft, eine wie starke Entlastung der Flansch durch die auftretenden Reibungskräfte gemäß

den früheren Untersuchungen erfährt[2]). Mit einer Reibungs-
ziffer $\mu = 0{,}25$ ergibt sich die Größe

$$\frac{b}{2\,c} \cdot \mu = \frac{74}{2 \cdot 28} \cdot 0{,}25 = 0{,}33.$$

Bei der Berechnung der Flanschabmessungen nach der Näherungsgleichung ohne Berücksichtigung des Reibungseinflusses, erhält
man also eine zusätzliche Sicherheit des Flansches von mindestens
30 %.

Kräftespiel beim Anheizen

Wissenswert sind weiterhin noch die beim Anheizen durch den
Temperaturunterschied sich einstellenden Kraftwirkungen. Bei
dieser Rechnung kann die Durchfederung des Flansches im allgemeinen, ohne daß dadurch ein nennenswerter Fehler entsteht, ver-
nachlässigt werden, desgleichen die Formänderungen der Dichtung.

Bezeichnet

$\Delta t_1 =$ 50° Temperaturunterschied zwischen Flansch u. Schrauben

$\Delta t_2 =$ 100° ,, ,, Bund u. Schrauben

$b_1 =$ 74 mm Flanschdicke

$b_2 =$ 37 mm Dicke des Bundes

$f =$ 435 mm² Schaftquerschnitt der Schrauben

$Z =$ 12 Anzahl der Schrauben

$E =$ 1 850 000 kg/cm² Elastizitätsmodul der Schrauben bei 350°

$\alpha_1 = 14 \cdot 10^{-6} \dfrac{\text{mm}}{\text{mm} \cdot {}^\circ\text{C}}$ die Wärmedehnzahl d. Flanschwerkstoffs

$\alpha_2 = 14 \cdot 10^{-6}$,, ,, ,, ,, Bundes,

so ergibt sich infolge der Temperaturunterschiede eine zusätzliche
Schrauben-Belastung von

$$\Delta P = Z \cdot f \cdot E \cdot \frac{b_1 \cdot \Delta t_1 \cdot \alpha_1 + b_2 \cdot \Delta t_2 \cdot \alpha_2}{b_1 + b_2}.$$

Setzt man die oben angegebenen Werte in diese Gleichung ein,
dann ergibt sich eine zusätzliche Belastung von

---

[2]) s. Mitt. VGB 1935, H. 53, S. 125/126.

$$\Delta P = 12 \cdot 4{,}35 \cdot 1{,}85 \cdot 10^6 \cdot \frac{7{,}4 \cdot 50 \cdot 14 \cdot 10^{-6} + 3{,}7 \cdot 100 \cdot 14 \cdot 10^{-6}}{7{,}4 + 3{,}7}$$

$$= 90\,000 \text{ kg}$$

War die Flanschverbindung mit $1{,}5 \cdot P_d = 47\,100$ kg angezogen, dann erhält man während des Anheizens eine Gesamtkraft von

$$1{,}5 \; P_d + \Delta P = 137\,100 \text{ kg.}$$

Ein kleines Fließen läßt sich also an den Schrauben während der Anheizperiode häufig nicht vermeiden.

Nachdem sich die endgültige Temperaturverteilung in der Verbindung eingestellt hat und der Temperaturunterschied zwischen Flansch und Schraube auf $\Delta t_1' = 25°$, der Temperaturunterschied zwischen Bund und Schraube aber auf $\Delta t_2' = 50°$ zurückgegangen ist, tritt eine Entlastung von

$$\Delta P - \Delta P' = Z \cdot f \cdot E \cdot \frac{b_1 \, (\Delta t_1 - \Delta t_1') \, a_1 + b_2 \, (\Delta t_2 - \Delta t_2') \cdot a_2}{b_1 + b_2}$$

$$= 45\,000 \text{ kg}$$

ein.

Die Gesamtbelastung der Flanschverbindung beträgt demnach bei der endgültigen Temperaturverteilung höchstens

$$137\,100 - 45\,000 = 92\,100 \text{ kg.}$$

Anhang 2.

Bauarten von Rohrverbindungen

Im folgenden werden einige Bauarten von Rohrverbindungen beschrieben, die bisher in Kraftanlagen bei mittleren und hohen Drücken angewandt worden sind. Reihenfolge und Auswahl bedeuten keinerlei Empfehlung. Es sind lediglich von einzelnen Flanschbauarten typische Vertreter ausgewählt worden, um die verschiedenen Bauarten in der Form, in der sie angewandt wurden, vorzuführen.

Vorschweißflansch und -bund

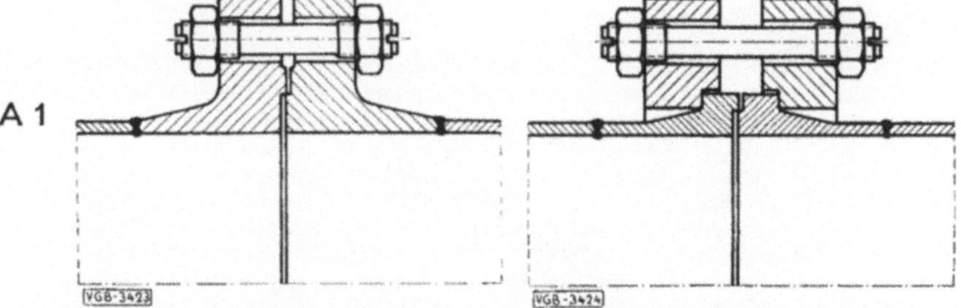

Abb. 1. Vorschweißflansch.　　　Abb. 2. Vorschweißbund.

Der Vorschweißflansch bzw. Vorschweißbund (Abb. 1 u. 2) wird durch Stumpf- oder Schmelzschweißung vorgeschweißt. Zum Stumpfschweißen verwendet man Abbrenn-Stumpfschweißmaschinen, die von Hand, selbsttätig oder halbselbsttätig arbeiten. Bei Anwendung von Schmelzschweißung soll durch geeignete Ausführung dafür Sorge getragen werden, daß auf der Rohrinnenseite im Schweißgrunde Kerben sorgfältig vermieden werden. Bei grösseren Rohrdurchmessern kann dies durch wurzelseitiges Auskreuzen und Nachschweißen geschehen.

Flansche mit Bolzenbefestigung

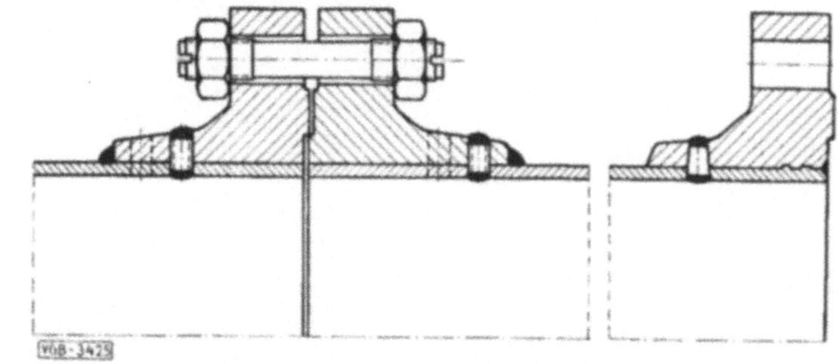

A 2

Abb. 3. Flansch mit Befestigung durch Gewindebolzen.

Abb. 4. Flansch mit Befestigung durch kegelige Bolzen.

Die Löcher für die Bolzen sollen hierbei in den Flanschen vorgebohrt und alsdann nach dem Auftreiben des Flansches durch Flansch und Rohr gemeinsam aufgebohrt und mit Gewinde versehen oder kegelig aufgerieben werden. Die Bolzen müssen gut passend sitzen. Sie werden innen und außen elektrisch dicht geschweißt.

Auf die Außenschweißung und Kragenschweißung könnte verzichtet werden, damit man stets prüfen kann, ob die Innenschweiße dicht ist und kein Dampf zwischen Rohr und Flansch tritt (s. a. Ziff. 67).

Bei einer anderen Bauart wird der Bolzen bzw. Pfropfen nur durch Schweißen hergestellt. Die Rohrwand wird hierbei nicht durchbrochen. Gefahr durch Undichtheiten besteht nicht. Es ist aber zu beachten, daß die Walzspannung durch die Temperatur beim Schweißen gelöst werden kann, so daß die Pfropfen die ganze Last tragen (Abb. 5).

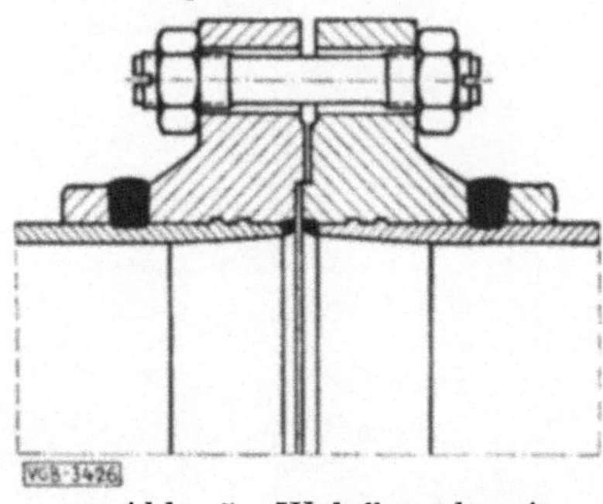

Abb. 5. Walzflansch mit Sicherung durch Schweißpfropfen.

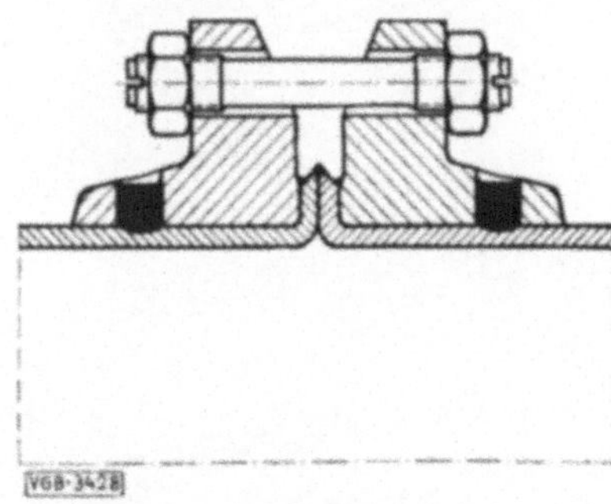

Abb. 6. Bördelflansch mit Pfropfenschweißung.

In Abb. 6 sind an Stelle der Walzung Bördel oder Stauchbördel verwendet. Die Dichtung kann in diesem Falle auch durch Lippenschweißung erfolgen.

Bördelschweißflansch

A 3 Bei diesem Flansch (Abb.7) wird die Kraft des Innendruckes durch das umgebördelte Rohrende aufgenommen.

Abb. 7. Bördelschweißflansch.
DRGM 940 346   DRGM 1 111 338

Der Flanschwerkstoff, Stahlguß oder Flußstahl, wird für die Aufnahme der Bördelung ausgedreht. Der Flansch wird möglichst gut passend, aber ohne Verformung soweit auf das Rohr aufgeschoben, daß die zur Stauchung und Umbördelung erforderliche Länge übersteht. Zur Festlegung und zur Sicherung gegen eine Lagenveränderung des Flansches bei der Umbördelungsarbeit wird hinter dem Flansch eine genügend große und schwere Bördelschelle angebracht. Der Überstand des Rohres wird mit Brennern angewärmt, angestaucht und mit dem Hammer in die Ausdrehung des Flansches hineingetrieben. Beim Anwärmen soll darauf geachtet werden, daß die richtige Temperatur von etwa 800—900° eingehalten wird. Sowohl Verformung bei zu niedriger Temperatur als auch zu hohe Erhitzung schaden dem Werkstoff.

Die Bördelung wird an ihrem äußeren Rande verschweißt. Ein nachträgliches Ausglühen erfolgt nicht.

Die Stirnseite wird vollständig überdreht. Hierbei muß darauf geachtet werden, daß die Wanddicke des umgebördelten Rohres an der Bördelstelle nicht mehr als unbedingt notwendig geschwächt wird; sie muß mindestens gleich der Rohrwanddicke sein. Die Gefahr der Schwächung besteht bei schrägem Aufbringen des Flansches. Vor dem Bördeln muß daher der Sitz des Flansches geprüft werden. Eine Verschiebung beim Bördeln darf nicht eintreten. Durch Marken muß geprüft werden, wieviel vom Werkstoff abgedreht ist.

Beim Bördelschweißflansch liegt die Dichtung auf der verbreiterten Rohrstirnseite auf.

Bördel-Verbindungen mit losen Flanschen

A 4   Abb. 8 zeigt die Anwendung einer Wever-Verbindung, früheres DRP. 308 760/315 486, bei der eine besondere Dichtung nicht erforderlich ist. Am Rand des Bördels werden Erhöhungen angewalzt und am Formstück angedreht, die beim Dichtschweißen der Verbindung mit heruntergeschmolzen werden. Doch soll die Verbindung schon ohne die Schweißung

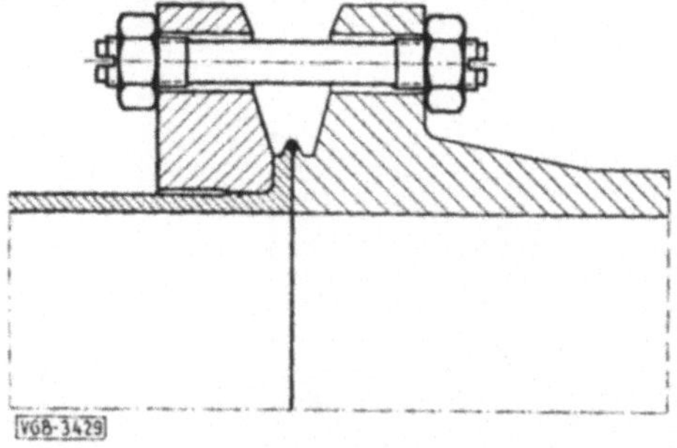

Abb. 8. Höchstdruckflanschverbindung zwischen Rohr und Formstück m. Vollbördeln u. Lippenschweißung (Wever-Verbindung).
Bördelform DRGM 1 319 731.

dicht sein. Die Verschweißung erfolgt deshalb auch erst nach Inbetriebnahme der Rohrleitung. Die Verbindung ist in amerikanischen Kraftwerken für hohe Drücke angewandt worden und hat dann auch in Deutschland, wo sie ursprünglich angegeben wurde, mit Erfolg Eingang gefunden. Abb. 8 zeigt diese Ausführung als Verbindung mit einem Stahlguß-Formstück.

Lose Flansche mit Stauchbunden

A5   Abb. 9 stellt eine der Ausführungen von losen Flanschen hinter gebördelten Stauchbunden dar, die in Heißdampfleitungen für höchste Drücke und Temperaturen geeignet sind. Die achsiale Bördeldicke ist durch Anstauchen stark vergrößert (s. Ziff. 53 u. 72). Die Flanschdicke könnte unbedenklich noch vergrößert werden.

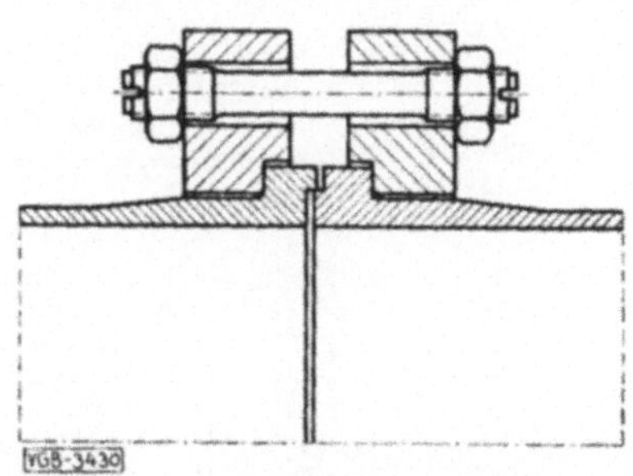

Abb. 9. Verbindung mit Stauchbunden für höchste Drücke und Temperaturen.

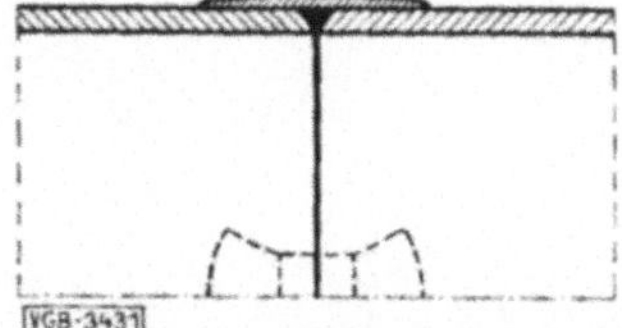

Abb. 10. Geschweißte Rohrverbindung mit aufgeschweißten Mefi-Querlaschen.
DRP. 377 066 u. 431 606 (Höhn).

Schweißverbindungen

A 6   Abb. 10 zeigt eine Schweißverbindung, die mit Querlaschen gesichert ist.